畜禽新品种配套系

2014

全国畜牧总站　组编

中国农业出版社
北　京

图书在版编目（CIP）数据

畜禽新品种配套系．2014/全国畜牧总站组编．—
北京：中国农业出版社，2020.1
ISBN 978-7-109-26633-9

Ⅰ．①畜…　Ⅱ．①全…　Ⅲ．①畜禽－品种－中国－2014　Ⅳ．①S813.9

中国版本图书馆 CIP 数据核字（2020）第 035656 号

中国农业出版社出版
地址：北京市朝阳区麦子店街 18 号楼
邮编：100125
责任编辑：张艳晶
版式设计：杨　婧　　责任校对：沙凯霖
印刷：中农印务有限公司
版次：2020 年 1 月第 1 版
印次：2020 年 1 月北京第 1 次印刷
发行：新华书店北京发行所
开本：880mm×1230mm　1/16
印张：7.75
字数：210 千字
定价：58.00 元

编 写 人 员

主　编：王宗礼　时建忠

参　编：刘长春　薛　明

　　　　徐　杨　隋鹤鸣

目　　录

察 哈 尔 羊

证书编号：农 03 新品种证字第 12 号
培育单位：锡林郭勒盟农牧业局

察哈尔羊成年公羊侧面

察哈尔羊成年公羊正面

察哈尔羊成年公羊背面

察哈尔羊成年母羊侧面

察哈尔羊成年母羊正面

察哈尔羊成年母羊背面

察哈尔羊群体

1 培育单位概况

察哈尔羊培育工作由锡林郭勒盟农牧业局牵头，锡林郭勒盟畜牧工作站、镶黄旗农牧业局、正镶白旗农牧业局、正蓝旗农牧业局、镶黄旗畜牧工作站、正镶白旗畜牧工作站、正蓝旗畜牧工作站和锡林郭勒盟胚胎移植推广研究中心、内蒙古德美种羊场、镶黄旗德美种羊场、正镶白旗德美种羊场、正蓝旗德美种羊场和盟、旗农牧业局所属畜牧技术推广、研究单位，相关苏木乡镇畜牧兽医综合服务站等单位参加。盟、旗两级畜牧部门共有研究员 10 人，高级畜牧师（副研究员）48 人，中级职称技术人员 94 人，经培训合格的配种技术员 1 160 名，科研、技术推广力量雄厚；盟、旗、苏木镇三级技术服务网络建全，多年来，先后培育出内蒙古细毛羊、草原红牛、锡林郭勒马等家畜新品种；成功保护了乌珠穆沁羊、乌珠穆沁白山羊、苏尼特羊等地方良种。在以细毛羊科技攻关、黄牛改良集团承包、牲畜“种子工程”“家畜品种优化工程”、黄牛改良专项推进等其他重大科技推广项目实施过程中，合理引进和利用国内外优良品种，加强家畜改良工作，圆满地完成了以察哈尔羊新品种培育和黄牛改良专项推进为中心的牲畜改良任务。

在察哈尔羊育种工作中，内蒙古农业大学、内蒙古自治区农牧业科学院、内蒙古自治区家畜改良工作站等为育种技术协作单位，合作开展了察哈尔羊良种繁育体系建设研究、饲养管理技术研究、生长发育规律的研究、羊冷冻精液技术在察哈尔羊育种中研究应用、胚胎移植技术在扩大理想型群体数量中的研究与应用等 9 项育种科研课题的研究。

2 培育背景与培育目标

2.1 培育背景

2.1.1 自然环境与资源条件

锡林郭勒盟位于内蒙古自治区中部，北与蒙古国接壤，边境线长 1 098km，南与河北省张家口、承德地区毗邻，总土地面积 20.3 万 km^2；全盟辖九旗二市一县；从全国经济区域看，锡林郭勒盟地处东北、华北、西北三大经济区的结合部，紧靠几大城市消费圈，具有较好的区位优势。锡林郭勒盟的肉羊产业历史悠久，享誉国内外。

锡林郭勒盟是以草原畜牧业为主体经济的边疆少数民族地区，总人口 103.31 万，其中，牧业人口 21.1 万，蒙古族人口 31.13 万，占总人口的 30.13%。锡林郭勒盟地区畜牧业发展历史悠久，牧民传统放牧经验丰富，地方良种牲畜多，草食家畜的饲养规模达到 1 174 万头（只），大、小畜年出栏 670 多万头（只）；肉类总产量 24.5 万 t，其中，羊肉 11.6 万 t、牛肉 11.1 万 t、猪肉 1 万 t；奶类总产量 56.5 万 t；绒毛总产量 1.2 万 t。牛、羊肉和毛绒皮等畜产品产量均在全国牧区中处于领先地位。家畜品种资源有乌珠穆沁羊、苏尼特羊、内蒙古细毛羊、锡林郭勒马、草原红牛和乌珠穆沁白山羊等。草原资源广阔，水资源较丰富。气候属中温带半干旱大陆性气候，年降水量 200～400mm，无霜期 100～120d，年平均气温 0～4℃，土质肥沃，光照充足、水热同期，日温差和年降水变率大。地形以高平原、缓丘陵为主，平均海拔 900～1 300m，土壤以栗钙土为主。

2.1.2 育种区域基本情况

根据察哈尔羊新品种培育方向要求、绵羊数量分布、品种改良基础及草原生态条件，确定察哈尔羊育种区域为锡林郭勒盟南部地区三个牧业旗，分别是镶黄旗、正镶白旗和正蓝旗。察哈尔羊育种核心区有 16 个苏木（乡镇），194 个嘎查（村），土地面积 2.16 万 km^2，总人口 18.67 万人，其中有蒙古族 7.31 万人，占育种区总人口的 39.2%；牲畜存栏数 132.2 万（头/只），其中，羊存栏 100.9 万只；察哈尔羊育种区目前年人均收入 7 088 元，其中，养羊收入占年人均总收入的 60%以上，详见表 1。

表 1　察哈尔羊育种区基本情况统计

项目	合计	镶黄旗	正镶白旗	正蓝旗
苏木（个）	16	4	5	7
嘎查（个）	194	60	52	82
总人口（万人）	18.67	3.1	7.27	8.3
蒙古族（万人）	7.31	1.93	2.15	3.23
占总人口的比例（%）	39.2	62.3	29.6	38.9
牲畜数（万头/万只）	132.2	41.5	39.3	51.4
羊总数（万只）	100.9	38.7	30.9	31.3
面积（万 km^2）	2.16	0.52	0.62	1.02
牧民收入（元）	7 088	7 034	5 397	8 589

2.1.3 育种区自然环境基础条件

镶黄旗位于内蒙古自治区中部，锡林郭勒盟西南部，是乌兰察布高原与锡林郭勒高原的衔接地带，平均海拔 1 322m，属中温带干旱大陆性气候，是一个蒙古族为主体，满、回、汉、达斡尔等多民族聚居的地区。全旗总面积 5 172km^2、辖 4 个苏木镇、60 个嘎查、6 个社区居委会、总人口 3.1 万人。距北京市 380km、天津港约 550km，距首府呼和浩特市 330km、口岸城市二连浩特市 270km。集通铁路、省际大通道、省道 208 线、307 线纵横贯通，交通运输便利。

正镶白旗位于内蒙古草原的锡林郭勒盟西南部，浑善达克沙地南缘的干旱草原区，属中温带半干旱大陆性草原气候。东与正蓝旗毗邻，南与太仆寺旗和河北康保县为界，西与镶黄旗和乌兰察布市化德县接壤，北与苏尼特左旗相交，全旗总面积6 229km^2，总人口 7 万余人，是一个以蒙古族为主的多民族聚居区，是国家重要的绿色农畜产品生产基地。

正蓝旗位于内蒙古自治区中部、锡林郭勒盟南端，全旗总面积 10 182km^2，全旗总人口 8.3 万人，其中牧业人口 3.3 万人，是一个以蒙古族为主体的多个民族聚居的地区。

2.1.4 育种历史沿革

养羊业是育种区内牧民的传统优势产业，2012 年 6 月末，育种区三个旗牲畜存栏 132.2 万(头/只)，其中绵羊存栏 100.9 万只，有自治区级肉羊种羊场 5 个。绵羊改良最早始于 20 世纪 50 年代，改良方向是以当地蒙古羊为母本，由国家有计划引进苏联美利奴羊、新疆细毛羊等为父本进行改良，经过畜牧工作技术人员和广大牧民的几十年不懈努力，到 1976 年，成功培育出毛肉兼用型内蒙古细毛羊新品种，养殖规模达到 150 万只。从 20 世纪 90 年代初开始，受市场需求拉动，育种区群众养羊自发地向着偏肉用方向改良发展，用于改良的种公羊品种主要是体大、偏肉、毛质较好的德国肉用美利奴羊。通过饲养测定试验表明，内蒙古细毛羊经德国肉用美利奴羊杂交产生的后代羊，产肉性能有了显著提高，繁殖性能也有所改善，深受当地牧民的欢迎和市场的青睐。为了适应市场经济发展需要，充分发挥锡林郭勒盟南部牧区资源优势，打造优质良种肉羊品牌，促进肉羊产业发展，1996 年在原锡林郭勒盟畜牧局的统一组织下，由锡林郭勒盟畜牧工作站制订肉羊育种技术方案，确定在进一步提高内蒙古细毛羊的产肉性能和繁殖性能的基础上，培育出肉毛兼用羊新品种的育种目标。锡林郭勒盟盟委、行政公署对察哈尔羊新品种培育工作给予了高度重视，把肉羊产业和察哈尔羊育种工作纳入全盟畜牧业发展规划，把察哈尔羊育种列入主要工作内容予以全力推进，力争通过进一步完善良种繁育体系、育种综合技术配套、推广应用等措施，培育出适宜南部气候条件的“察哈尔羊”新品种。2009 年锡林郭勒盟行政公署进一步修订完善了《察哈尔羊新品种培育方案》并上报自治区农牧业厅；2013 年 4 月《察哈尔羊品种标准》审定颁布。

2.2 培育目标

根据锡林郭勒盟南部自然资源、社会经济基础和市场需求情况，确定察哈尔羊的育种目标是培育干旱半干旱草原畜牧业型（适宜于季节性放牧加补饲饲养方式），耐粗饲，抗逆性强，具有良好的肉用性能、繁殖率高、产毛性能较好的优质肉羊新品种。

3 主要特性特征及性能指标

3.1 体型外貌

察哈尔羊是以肉为主的肉毛兼用羊，头清秀，鼻直，脸部修长；体格较大，四肢结实、发达，结构匀称，胸宽深，背长平，后躯宽广，肌肉丰满，肉用体型明显。公、母羊均无角，颈部无皱褶或有 1～2 个不明显的皱褶；头部细毛着生至两眼连线，额部有冠状毛丛，被毛着生前肢至腕关节，后肢至飞节。

被毛为白色，毛丛结构闭合性良好，密度适中，细度均匀，以 20.1～23.0μm 为主。弯曲明显，呈大弯或中弯；油汗白色或乳白色，含量适中；腹毛着生良好，呈毛丛结构，无环状弯曲。

3.2 品种特性

察哈尔羊体型较大，肉用羊体型特征明显，各项指标已接近了其父本德国美利奴肉羊体型特征和生产性能。具有较强的抗逆性和适应性，耐粗饲，觅食能力强，采食范围广，生长发育速度较快，肉用性能良好，性成熟较早，繁殖率高，产毛性能较好。

察哈尔羊羊肉保留了天然纯正的草原风味，具有“鲜而不腻、嫩而不膻、肥美多汁、爽滑绵软”的特点，是低脂肪高蛋白的健康食品。内蒙古农牧业科学院动物营养所对察哈尔羊产肉性能与羊肉品质测定结果表明，察哈尔羊屠宰前空腹重、胴体重、屠宰率和胴体产肉率等各项指标均极显著高于内蒙古细毛羊和蒙古羊（$P<0.01$）。

3.3 性能指标

3.3.1 生长发育性能

察哈尔羊羔羊初生重：公羔（4.36±0.99）kg，母羔（4.12±0.80）kg；羔羊断乳重：公羔（28.79±5.79）kg，母羔（27.09±4.57）kg；6 月龄羔羊体重：公羔（38.76±5.01）kg，母羔（35.53±5.78）kg；育成羊体重：公羊（70.04±6.37）kg，母羊（55.34±5.61）kg；成年羊体重：公羊（91.87±6.56）kg，母羊（65.26±7.51）kg。平均日增重：6 月龄公羔羊日增重（191.11±41.26）g，6 月龄母羔羊日增重（174.50±39.69）g。

成年种公羊平均体重 91.87kg、体高 80.86cm、体长 85.87cm、胸围 115.54cm、胸深 34.43cm、胸宽 29.03cm；成年母羊平均体重 65.26kg、体高 69.89cm、体长 74.46cm、胸围 111.77cm、胸深 32.74cm、胸宽 25.47cm。

3.3.2 产肉性能

察哈尔羊 30 月龄母羊平均宰前活重、胴体重和净肉重分别达到 66.67kg、33.32kg 和 25.49kg；18 月龄母羊分别达到 56.31kg、26.60kg 和 20.34kg；6 月龄公羔分别达到 44.68kg、21.17kg 和 15.70kg，较内蒙古细毛羊公羔分别高出 16.73kg、8.94kg 和 6.73kg，分别提高 59.86%、73.99%和 75.03%，差异极显著（$P<0.01$）（图 1）；6 月龄母羔分别达到 38.35kg、18.11kg 和 13.45kg。

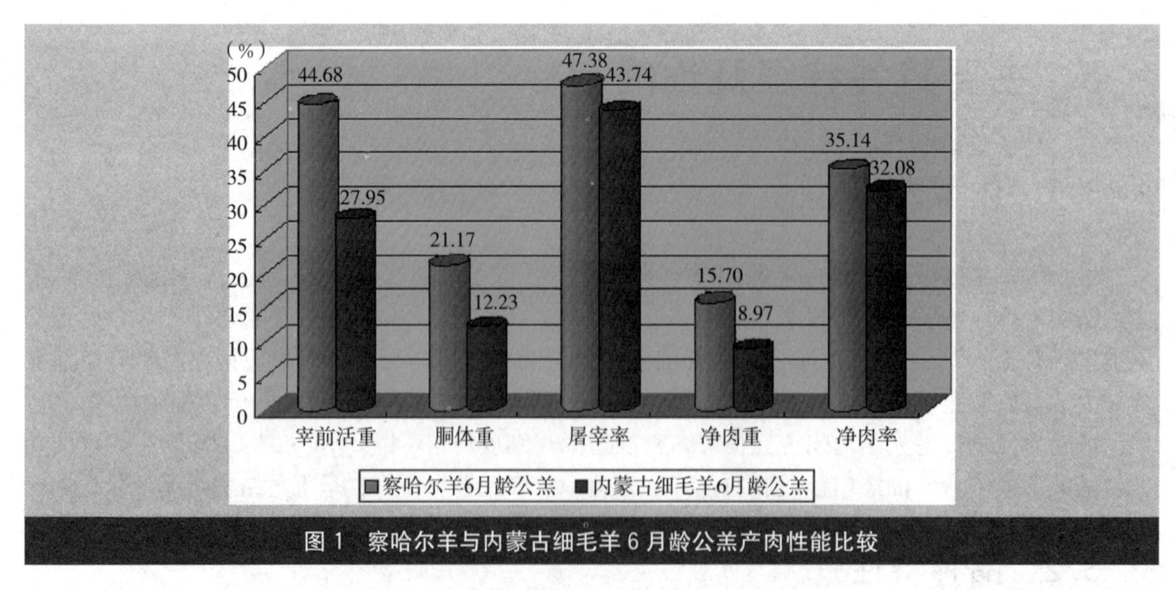

图 1 察哈尔羊与内蒙古细毛羊 6 月龄公羔产肉性能比较

30 月龄母羊平均屠宰率和净肉率分别达到 49.98%和 38.23%；18 月龄母羊分别达到 47.24%和 36.12%；6 月龄公羔分别达到 47.38%和 35.14%，较内蒙古细毛羊 6 月龄公羔分别高出3.64%和3.06%，分别提高8.32个百分点、9.54个百分点，差异均极显著（$P<0.01$）；6月龄母羔分别达到47.77%和35.15%。

30月龄察哈尔羊母羊眼肌面积达到14.22cm²，18月龄母羊达到13.55cm²，6月龄公羔达到15.98cm²，6月龄母羔达到14.46cm²。6月龄察哈尔羊公羔眼肌面积比6月龄内蒙古细毛羊公羔高6.36cm²，提高66.11%，差异显著（$P<0.01$）。

察哈尔羊内脏脂肪厚度适中，背部脂肪厚度及胴体重达到我国羊胴体分级标准中特级胴体羊只标准（大羊胴体重25～30kg，背部脂肪厚度0.8～1.2cm；羔羊胴体重18kg，背部脂肪厚度0.5～0.8cm）。

3.3.3 察哈尔羊羊肉品质

察哈尔羊羊肉pH_0在6.5～6.7，pH_{24}在6.0～6.4，无显著性差异（$P>0.05$）。失水率、嫩度都适中，熟肉率较高，有良好的出品率和加工特性。

察哈尔羊羊肉粗蛋白含量在18.5%～21.9%，背最长肌粗蛋白含量最高，在20.2%以上。脂肪含量适中，均值在3.23%～6.51%，既可提供所需脂肪，又拥有良好的口感，肉质柔软而不肥腻。

察哈尔羊羊肉矿物质含量丰富，尤其背最长肌的磷含量达2 620.3mg/kg，是理想的微量元素来源。

察哈尔羊各部位氨基酸总量均在82%以上，谷氨酸含量最高，其次为天门冬氨酸、赖氨酸、亮氨酸、精氨酸、丙氨酸，胱氨酸含量最低。

察哈尔羊多不饱和脂肪酸含量较高，脂肪酸组成表现出较好的比例，必需脂肪酸代表亚油酸含量较高，可降低胆固醇的油酸含量在34%以上，n6/n3值在1.59～3.5，具有较好的营养保健作用。

3.3.4 产毛性能及羊毛品质

察哈尔羊毛丛结构闭合良好，细度均匀，细度为20.1～23.0μm（60～64支），平均（21.25±0.97）μm；产毛量较高，羊毛品质较好，成年母羊平均剪毛量（4.7±0.81）kg，平均毛长（8.2±0.99）cm，平均净毛率48.75%。察哈尔羊产毛性能见表2。

表2 察哈尔羊产毛性能

羊别	毛长（$\bar{X}\pm S$）（cm）					剪毛量（kg）（$\bar{X}\pm S$）
	肩部	体侧	背部	股部	腹部	
成年母羊	/	8.2±0.99	/	/	/	4.7±0.81
育成母羊	/	8.4±1.04	/	/	/	4.2±0.98
成年公羊	8.0±0.99	8.4±1.10	6.2±0.92	7.7±1.08	4.8±1.02	6.4±1.18
育成公羊	8.2±1.53	8.7±1.18	6.6±1.04	8.1±1.23	5.0±1.42	4.7±0.68

3.3.5 繁殖性能

察哈尔羊性成熟早，母羔7～8月龄性成熟；发情期为10～40h，平均持续期为32h，经产母羊为15～50h，平均持续期为45h；母羊在3个情期内，初产母羊受胎率为95%，经产母羊受胎率为99%；不同胎次年龄母羊的繁殖率差异较大，其中初产羊繁殖率为126.4%，经产母羊平均繁殖率为147.2%。

4 察哈尔羊品种选育的方案

4.1 选育技术路线

以内蒙古细毛羊为母本，以德国美利奴肉羊为父本，进行杂交育种，提高肉用和繁殖性能；在杂交二代基础上，选择理想型个体进行横交固定、选育提高和扩群繁育，培育一个体型外貌基本一致、耐粗饲、抗逆性强、肉用性能良好、繁殖率高、遗传性能稳定的优质肉毛兼用羊新品种。技术路线见图 2。

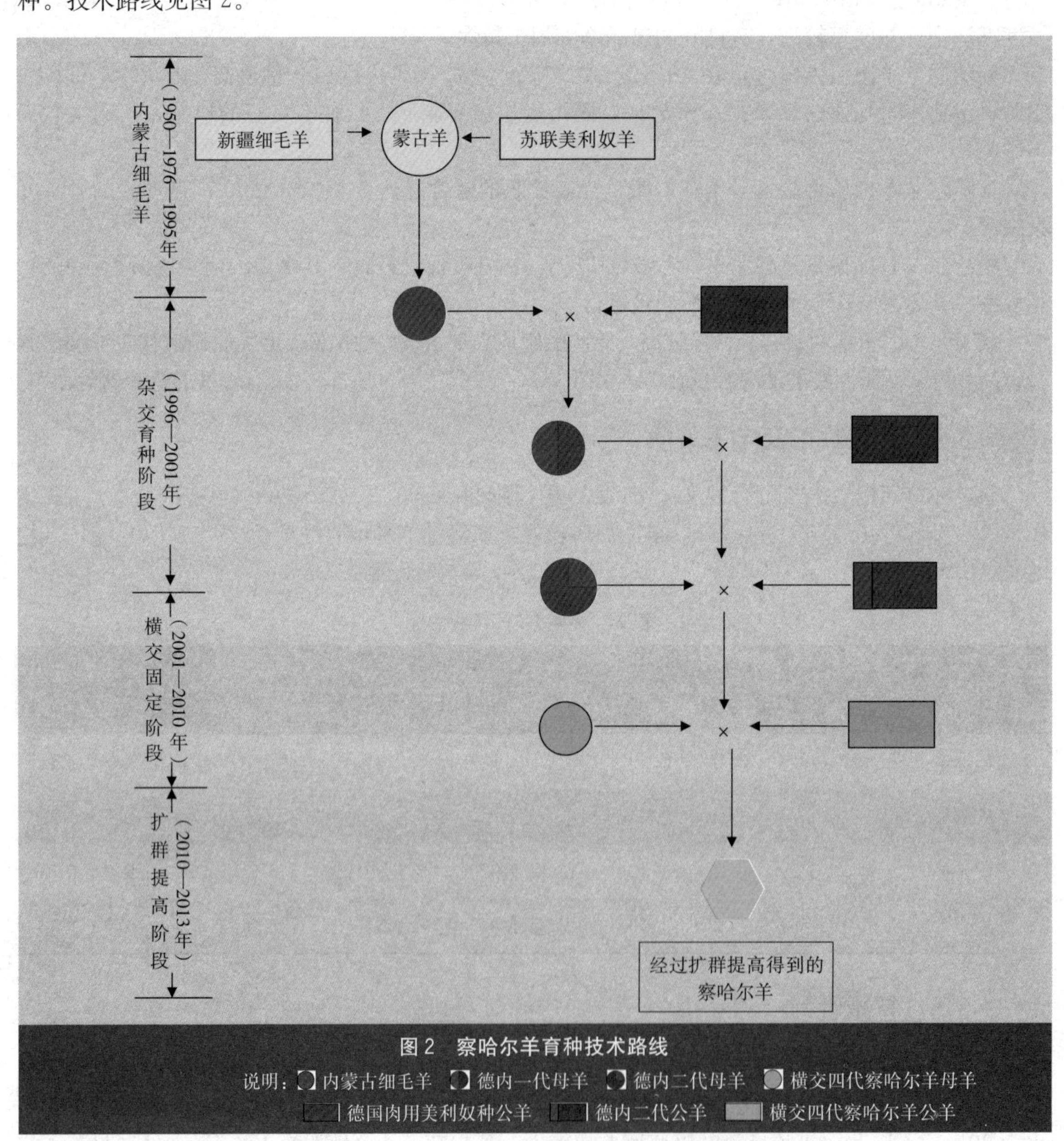

图 2 察哈尔羊育种技术路线

说明：内蒙古细毛羊 德内一代母羊 德内二代母羊 横交四代察哈尔羊母羊 德国肉用美利奴种公羊 德内二代公羊 横交四代察哈尔羊公羊

4.2 主要性能指标

4.2.1 品种的主选性状

主要对体重、体高、体长、胸围、6 月龄公羔羊胴体重、6 月龄母羔羊胴体重等性状进行选择。

4.2.2 群体规模

到 2012 年察哈尔羊育种区共有育种核心群 139 个，拥有母羊 2.23 万只。育种群 1 903 个，拥有母羊 23.61 万只。

5 中试应用情况与经济效益分析

5.1 中试应用情况

由于察哈尔羊横交选育遗传效果稳定，从 2010 年开始，利用察哈尔羊横交四代种公羊，开展了察哈尔羊的中试改良推广试验，在察哈尔羊育种区外推广察哈尔羊种公羊，截至 2012 年 6 月末，育种区 3 个旗共存栏察哈尔羊 67.7 万只，其中成年基础母羊 25.84 万只。按畜种和年龄具体分布是：成年种公羊 3 452 只，育成种公羊 1 154 只。成年母羊 25.9 万只，育成母羊 3.77 万只，繁殖成活羔羊 37.66 万只；其中基础母羊存栏按地区具体分布是：镶黄旗 13 万只，正镶白旗 8 万只，正蓝旗 4.9 万只。

通过中试试验结果表明：察哈尔羊遗传力较稳定，所产杂交改良后代 6 月龄羔羊察×蒙、察×内细杂交羔羊与蒙古羊羔羊、内蒙古细毛羊羔羊相比，初生重分别增加 0.23kg、0.25kg；6 月龄体重分别增加 2.12kg、3.07kg；6 月龄平均日增重分别增加 26.28g、15.66g；6 月龄屠宰率分别提高了－0.92、1.13 个百分点。

5.2 经济效益分析

在相同饲养管理条件下，养殖 25.84 万只察哈尔羊较养殖内蒙古细毛羊增加收入 9 927.8 万元。2012 年 3 个旗牧民人口为 9.58 万，人均纯收入增加 1 036 元。

(1) 察哈尔羊羔羊平均体重提高 9.4kg，每只羔羊平均出栏价格达到 803 元，较同龄内蒙古细毛羊羔羊高 206.8 元。

(2) 察哈尔羊经产母羊繁殖成活率较内蒙古细毛羊母羊高出 25.9%，每年多接活察哈尔羊羔羊 6.71 万只，增加收入 5 364 万元。

(3) 察哈尔羊基础母羊的个体活重、胴体重、屠宰率、净肉重、净肉率都有明显提高，分别提高 15kg、6.7kg、2.6 个百分点、6.8kg 和 2.8 个百分点。淘汰出栏时每只察哈尔羊母羊较内蒙古细毛羊基础母羊多收入 270 元（每千克按 18 元计算），增加收入 1 053 万元。

6 育种成果的先进性及作用意义

6.1 创造性、先进性

察哈尔羊是在毛肉兼用型内蒙古细毛羊的基础上，引进利用德国肉用美利奴羊，经过杂交育种、横交固定和选育提高三个阶段的育种过程，培育出体型外貌一致、遗传性能稳定、产肉性能高的肉毛兼用肉羊新品种，为今后草原牧区家畜新品种培育提供了成功的经验。

察哈尔羊适合北方干旱半干旱草原常年放牧、冬春放牧加补饲的饲养方式，具有肉毛兼用、抗逆性和适应性强、繁殖率高、肉用特征明显、胴体肉质好、生长发育快等优良特征，为草原畜牧业转型和提质增效及生态保护提供了又一优良畜种，对产区经济发展和牧民增收有很大的促进作用。

在察哈尔羊育种工作中，育种区全面建立健全了良种繁育体系；科学进行选种选配、定向选择、羊胚胎移植、羊鲜精和冷冻精液结合人工授精技术等多项家畜育种繁殖先进技术；开展了察哈尔羊在草原牧区天然草场放牧条件下的生长发育繁殖规律、饲养管理方式、疫病防治技术等专项科研课题的研究和推广，取得了一批科研成果。

育种区各级畜牧技术部门和技术人员通过多年的工作，不断创新育种工作方式和方法，推行了一整套行之有效的组织和管理措施，如群众性育种和政府组织相结合；有关项目、资金整合用于育种工作；盟、旗、苏木、嘎查和育种户工作联动机制建立等。这些措施对在市场经济发展中如何搞好畜种改良和育种工作有较强的现实指导意义。

6.2 作用意义

6.2.1 为牧民增收开辟了新途径

据察哈尔羊育种养殖户统计，牧民养殖察哈尔羊效益得到显著提高。养殖一只察哈尔羊母羊，平均每年可以得到 1.4 只羔羊，产优质羊毛 4kg，按每只羔羊 1 000 元，每千克羊毛 24 元计算，共可创造产值 1 496 元；在牧区天然草场放牧加补饲条件下，平均每只母羊的饲养成本为 500 元，每年可获纯效益 996 元，分别比养殖内蒙古细毛羊和蒙古羊增加效益 360 元和 340 元。锡林郭勒盟察哈尔羊育种区年存栏察哈尔基础母羊 25 余万只，年增加收入 9 000 多万元，养殖察哈尔羊为促进农牧民增收开辟了新途径。

6.2.2 对细毛羊遗传资源有保护作用

20 世纪 90 年代初期，受肉羊市场的冲击和细毛羊市场的回落，锡林郭勒盟南部内蒙古细毛羊养殖区出现大面积引入蒙古羊进行回交的混乱现象，内蒙古细毛羊退化十分严重。培育出肉毛兼用型察哈尔羊新品种，既提高了产肉性能，又保住了原有羊只的细毛品质，增加了牧民收入，实现了“肉毛双高产”。

6.2.3 有利于打造优质绿色羊肉品牌，促进草原生态保护

察哈尔羊以采食优质天然牧草为主，肉质鲜美，为生产绿色有机羊肉产品创造了条件。培育

推广察哈尔羊新品种，可以提升羊肉产品档次，拉动肉羊产业发展。察哈尔肉羊的饲养方式是季节放牧与补饲相结合，羔羊当年出栏，减少了牲畜在草原的放牧期限，缓解了牧场的过牧现象，有利于促进草原生态保护，促进草原牧区畜牧业转型和提质增效，发展现代草原畜牧业。

7 推广应用的范围、条件和前景

察哈尔羊适合北方干旱半干旱草原牧区天然草场放牧加补饲饲养。察哈尔羊羊肉符合广大消费者追求绿色健康食品的需求，具有广阔的市场发展空间和较强的市场竞争力。

川藏黑猪配套系

证书编号：农 01 新品种证字第 23 号
培育单位：四川省畜牧科学研究院

川藏黑猪父母代母猪

川藏黑猪商品猪

川藏黑猪祖代-F01 系

1 培育单位概况

四川省畜牧科学研究院是一所具有70余年悠久历史的公益性研究机构，是国内一流的区域性畜牧科技创新中心和人才培养基地。研究院承担国家重大科技支撑计划、863计划、国家自然科学基金、现代农业产业技术体系、省畜禽育种攻关等基础和应用研究课题，在遗传育种、生物技术、饲料营养、疫病防控、健康养殖、生产系统等领域开展畜牧兽医新技术、新产品研究，培养畜牧兽医技术人才，推广现代畜牧业生产技术，为四川省及西南地区其他省区现代畜牧业发展提供科技支撑。研究院设有养猪、家禽、养兔、草食家畜、饲料、生物技术、动物营养、兽医和兽药9个研究所，建有动物遗传育种四川省重点实验室、中国农业科学院西南畜牧研究中心、博士后科研工作站以及相关学科的6个省级技术研究中心；在省畜牧高科技园区（大邑）、成都市国家级经济技术开发区（龙泉）、省现代畜牧业重点示范县（简阳）建有总计占地33.33hm^2的现代化设施设备科研基地，建有中国畜牧科技信息网，创办了3家科技型企业，形成了较为完善的科技创新、成果转化及科技服务平台。2013年有职工188人，其中高级研究人员70人，新世纪百千万人才工程国家级人选1人，四川省学术和技术带头人5人，享受国务院政府特殊津贴专家9人，四川省有突出贡献的优秀专家5人，省学术和技术带头人后备人选4人，博士21人，拥有一支专业齐全、创新能力强的高素质人才队伍。研究院坚持“开放、流动、联合、交流”的开门办院方针，与国内外相关大学、科研机构、学术团体有广泛的交流合作关系。

70余年来，研究院通过技术创新研究和成果转化应用，为四川省及西南地区其他省区畜牧科技和产业发展做出了重要的贡献，先后培育出四川白猪Ⅰ系、齐兴肉兔、大恒优质肉鸡等9个畜禽新品系，培育出南江黄羊、凉山半细毛羊和简州大耳羊3个国家审定的畜禽新品种，主持育成四川省第一个国家审定的畜禽新品种（配套系）“大恒699肉鸡配套系”、黄河以南首个国家审定的乳肉兼用牛新品种（配套系）“蜀宣花牛”及四川省第一个以地方猪种为育种素材的优质猪配套系“川藏黑猪”；研究完成畜禽疫病防控、寄生虫病防治、低蛋白日粮配制、奶牛饲料平衡供给模式等一批畜禽标准化健康养殖关键技术。自1978年以来共取得230项科技成果，其中，获国家级和部省级二等奖以上成果奖励67项；在国内外发表论文2 098篇，出版专著117部。研发的畜禽新品种、新产品、新成果、新工艺推广覆盖全国20多个省（自治区），为发展畜牧经济和促进农民增收提供了强有力的科技支撑。

2 培育背景与培育目标

2.1 培育背景

猪肉是我国第一大肉类产品，四川省是全国的养猪大省，然而生产用种被外种猪所垄断，猪肉产品缺乏市场核心竞争力，养猪业受到前所未有的严峻挑战。随着社会经济的发展，猪肉产品的消费需求呈现多样化和优质化趋势。我国地方猪种普遍具有肉嫩味香、环境适应能力强等优点，是培育优质风味猪种的良好素材。但是，地方猪生长缓慢，瘦肉率低，不能适应高效养猪生产的发展需要，加之外种猪的大量引进并广泛用于杂交生产，地方猪遗传多样性受到严重威胁。因此，拓展猪种基因库，培育肉质优、抗逆性强、生产效率高的配套系是猪育种的主攻方向，也是保持川猪优势的重要举措。

有鉴于此，如何有针对性地开展地方猪种资源挖掘，展示其独特优良性状和潜在经济价值，在保持地方猪优质风味的基础上，提高生产效率和胴体瘦肉率，创建四川省的优质肉猪产业，是养猪科技工作者面临的重大课题。为此，四川省畜牧科学研究院于 2000 年提出了优质风味猪育种的战略构想，以期培育适应四川省现代特色猪业发展所急需的优质新猪种，壮大特色生猪产业经济，推进四川省生猪产业持续健康发展。

2.2　培育目标

充分利用四川省和国内现有猪种资源优势，以猪肉质风味为主攻方向，兼顾影响生产效率的繁殖力、生长速度、饲料报酬和胴体瘦肉率等性状，培育各具特色的专门化品系及其配套系。

3　配套系的组成及特征特性

3.1　配套系组成

川藏黑猪配套系采用三系配套，各品系特色突出，遗传稳定。F01 系是合成母系（含藏猪血统），S05 系（巴克夏血统）为第一父本，S04 系（杜洛克血统）为终端父本。

3.2　配套系外貌特征及特性

3.2.1　各品系外貌特征及特性

3.2.1.1　**F01 系**　体型中等，全身被毛黑色，也可见四肢有少许白色；头大小适中，额面皱纹少，嘴较平直；耳中等大小、微垂；胸较狭窄，背腰微凹，腹线较平，四肢有力，体躯结合良好；乳头 7 对以上，排列整齐。

3.2.1.2　**S04 系**　全身被毛呈深棕色，头大小适中，面部微凹，嘴短而直，耳中等大小，向前倾，体躯深广，结合良好，肌肉丰满，腿臀发达，背腰略弓，腹线平直，四肢强健，乳头 6 对以上。

3.2.1.3　**S05 系**　被毛黑色，鼻端、尾尖、四肢下部白色（六点白），头中等大小，鼻短微凹，耳立稍倾，颈短而宽，体长胸深，腹背平直，臀部丰满，四肢粗壮结实，肢间开阔。乳头 6 对以上。

3.2.2　父母代种猪外貌特征

全身被毛黑色，头部较轻，嘴筒中长平直，额面少许皱纹，耳中等大小、微垂前倾；背腰平直，腹部不下垂，四肢结实，体躯结合良好；乳头 7 对，排列整齐。

3.2.3 商品代外貌特征

全身被毛黑色，少许可见棕花、白花；头轻嘴直，耳中等大小；腹背平直，体躯结合良好，腿臀发达。

3.3 配套系生产性能

3.3.1 各品系生产性能

3.3.1.1 **F01 系** 为藏猪与梅山猪合成系，将藏猪肉质优异、抗逆性强和梅山猪繁殖力高的优势性状基因聚合于一体，其经产仔数 12.37 头，肌内脂肪（IMF）含量 4.77%。

3.3.1.2 **S04 系** 由杜洛克猪种选育而成，该品系瘦肉率高，胴体品质好。其瘦肉率 64.22%，IMF 含量 2.88%，日增重 865.91g，饲料转化率 2.56。

3.3.1.3 **S05 系** 由巴克夏猪种选育而成，充分发挥其 IMF 高、生长快、瘦肉率高等遗传特性，其 IMF 含量 3.29%，日增重 824.96g，瘦肉率 62.41%，饲料转化率 2.71。

3.3.2 父母代种猪生产性能

父母代母猪 CH51 的适宜初配年龄为 7～8 月龄，体重 80kg。据 349 窝经产繁殖记录统计，总产仔数 12.50 头，21 日龄窝重 55.48kg，60 日龄育成数 11.26 头。父母代种猪的生长发育、肥育、胴体性能为母猪 6 月龄体重 71.46kg，肥育猪日增重 505.26g，胴体瘦肉率 52.37%。

3.3.3 商品代生产性能

川藏黑猪配套系商品猪肉质优良，生产效率高，达 90kg 体重日龄为 187.22d，饲料转化率 3.14，屠宰率 73%，瘦肉率 57.72%，IMF 含量 4.07%，无 PSE 或 DFD 肉。

4 配套系选育技术路线及主要选育性状

4.1 选育技术路线

针对选定的育种素材，制订了配套系选育的育种目标与培育方案，技术路线详见图 1。

4.2 主要选育性状

4.2.1 母本品系

主选产仔数，兼顾生长速度和瘦肉率，重视毛色、体型等质量性状的选择及遗传缺陷的淘汰。在选择产仔数时，针对其遗传力低的特点，首先从育种素材着手，选择高繁殖力的梅山猪作为组建基础群的杂交亲本品种之一，使基础群中有高产仔增效基因存在，为培育高产新品系奠定良好遗传基础。在选择措施上，采取在断奶阶段重点选择产仔数，尽可能在高产

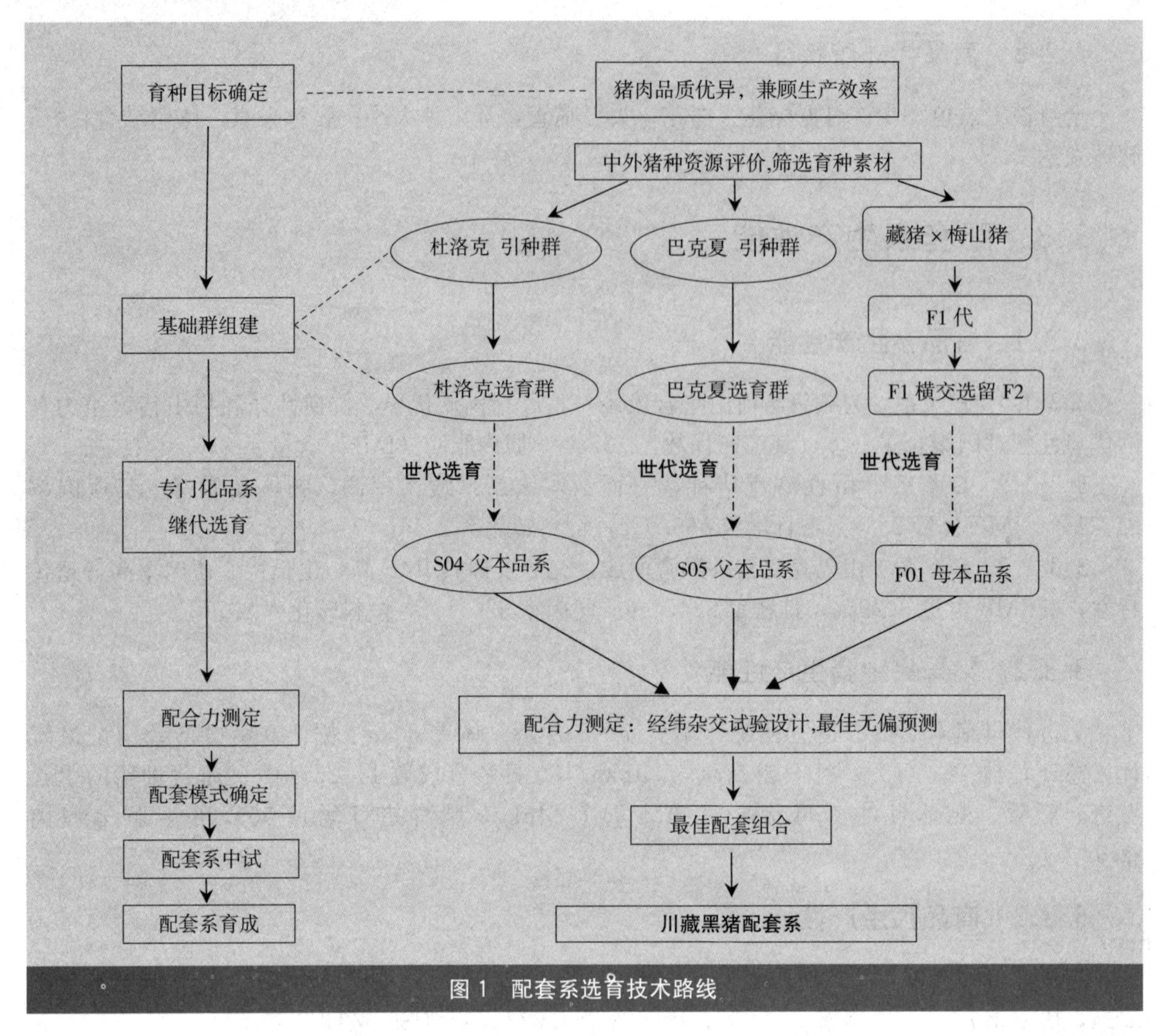

图 1 配套系选育技术路线

家系和大窝中多留种；注意选择有效乳头数在 14 个以上的个体；并综合考虑亲代的产仔信息。

在主选产仔数的同时，兼顾对生长速度和胴体瘦肉率的选择。采用总产仔数、6 月龄体重和背膘厚三性状育种值的综合指数进行选择。

4.2.2 父本品系

4.2.2.1 S04 系 选育方向为高瘦肉率，主选性状为背膘厚，兼顾生长速度及产仔数。采用两性状育种值的综合指数进行选择。

4.2.2.2 S05 系 选育方向为高肌内脂肪含量。选择肌内脂肪含量高的引进品种巴克夏猪为育种素材。研发肌内脂肪含量活体测定技术，综合亲代测定成绩进行选择。采用两性状育种值的综合指数进行选择。

各专门化品系质量性状主要采用表型选择。对体型外貌较差的个体进行淘汰，加强头型、耳型整齐度的选择，严格淘汰赫尔尼亚、隐睾、瞎乳头等遗传缺陷个体。

各专门化品系的繁殖、生长发育、肥育、胴体与肉质性能详见表 1。

表1　三个专门化品系主要性能指标选育结果

选育目标	选育性状		F01系		S04系		S05系	
			X±SD	C.V(%)	X±SD	C.V(%)	X±SD	C.V(%)
繁殖性能	产仔数（头）	初产	11.19±1.69	15.10	9.54±1.65	17.30	8.85±1.44	16.27
	产仔数（头）	经产	12.37±1.40	11.32	10.36±1.61	15.54	9.15±1.50	16.39
	21日龄窝重(kg)	初产	32.17±5.87	18.25	47.72±7.28	15.26	43.94±7.22	16.43
		经产	33.10±6.30	19.03	53.03±7.37	13.90	46.49±7.89	16.97
	60日龄头数(头)	初产	10.25±1.55	15.12	8.00±1.36	17.00	7.70±1.38	17.92
		经产	11.17±1.77	15.85	8.67±1.59	18.34	8.18±1.45	17.73
	60日龄育成率（%）	初产	92.09		90.09		91.02	
		经产	92.47		90.22		91.52	
生长发育性能	结束期体重(kg)	公猪	44.95±3.34	7.43	99.83±2.17	2.17	98.46±2.03	2.06
		母猪	50.49±3.63	7.19	100.44±2.08	2.07	98.78±2.05	2.08
	结束期体长(cm)	公猪	90.30±4.87	5.39	110.96±5.06	4.56	109.61±4.02	3.67
		母猪	92.27±4.84	5.25	110.40±4.78	4.33	109.16±3.12	2.86
	结束期体高(cm)	公猪	45.71±3.04	6.65	65.15±3.30	5.07	61.69±2.16	3.5
		母猪	45.52±2.41	5.29	64.85±3.01	4.64	58.92±2.06	3.5
	结束期胸围(cm)	公猪	82.68±4.68	5.66	105.85±4.54	4.29	103.71±2.88	2.78
		母猪	87.61±5.65	6.45	104.26±4.99	4.79	106.42±2.87	2.7
肥育性能	日增重（g）		432.25±16.34	3.78	865.91±54.20	6.26	824.96±50.38	6.11
	饲料转化率		3.43±0.2	5.83	2.56±0.23	8.98	2.71±0.19	7.01
	背膘厚（mm）		23.02±1.17	5.08	11.02±0.98	8.89	14.35±0.97	6.76
	达目标体重日龄		209.87±10.24	4.88	164.15±10.07	6.13	171.89±7.44	4.33
胴体性能	瘦肉率		43.69±1.46	3.34	64.22±2.03	3.16	62.41±2.19	3.51
	眼肌面积（cm^2）		17.86±1.17	6.55	38.14±2.59	6.79	36.77±2.90	7.89
	平均膘厚（mm）		40.89±1.52	3.71	18.57±1.64	8.83	24.33±1.92	7.89
	后腿比例（%）		29.51±1.52	5.15	32.19±3.19	9.91	33.31±1.48	4.44
肉质性状	pH_1		6.41±0.19	2.96	6.40±0.20	3.13	6.45±0.20	3.10
	滴水损失（%）		1.45±0.07	4.83	2.24±0.17	7.59	2.14±0.18	8.41
	肌纤维直径（μm）		71.23±4.58	6.43	88.96±6.95	7.82	86.22±7.58	8.79
	嫩度（g）		4 511.16±426.66	9.46	6 544.68±352.10	5.38	6 126.85±408.36	6.67
	IMF（%）		4.77±0.45	9.43	2.88±0.14	4.94	3.29±0.25	7.60

注：生长发育性能测定——F01系2月龄开始测定，6月龄结束测定；S04和S05系30kg开始测定，100kg结束测定。

肥育性能测定——F01系20kg开始测定，75kg结束测定；S04和S05系30kg开始测定，100kg结束测定。

5 中试应用情况与经济效益分析

经过多年探索，四川省创建了以四川高金食品公司为龙头，四川省畜牧科学研究院为技术支撑，生猪专业合作社为纽带，规模养殖场（家庭农场、专业大户）为成员的优质猪肉产业联盟。主要包括：

5.1 川藏黑猪配套系繁育体系的构建

在绵阳明兴、攀枝花万民建立了祖代猪场，种猪群规模达 1 125 头。在绵阳、遂宁、泸州、宜宾等 13 市建立了父母代场和商品猪示范基地，累计中试父母代母猪 10 467 头，形成年生产 20 万头优质风味肉猪的能力，为川藏黑猪产业发展奠定了基础。

5.2 优质精品猪肉品牌的打造

研制出适销对路、广受欢迎的冷鲜肉和腌腊制品，形成了“庄园”“忆乡”“好耕乌金”等有一定影响力的品牌。

5.3 营销网络体系的建立

初步建立了“连锁专销店＋超市＋会员＋团购”的优质猪肉制品的营销网络体系，产品已销往北京、深圳、成都、重庆、泸州、宜宾、绵阳等大中城市，累计销售万余吨。

自 2009 年以来，在四川省生猪主产区中试应用，累计生产商品猪 303 920 头，实现新增产值 9 亿元，获纯收益 2.4 亿元，社会经济效益显著，市场前景广阔。

6 育种成果的先进性及作用意义

成功培育出具自主知识产权和特色鲜明的四川省第一个优质风味猪配套系——川藏黑猪，为四川省优质猪肉产业发展奠定坚实基础。

6.1 育成中国首个完全以地方猪种为素材的优质高产母本新品系

利用藏猪与梅山猪杂交，将藏猪肉质优异、抗逆性强和梅山猪繁殖力高的优势性状基因聚合于一体，通过系统选育，育成优质高产母本新品系。该系既保持了藏猪肌纤维细、肌内脂肪含量高、抗病力强的特性，又具备梅山猪繁殖力高的优点；克服了梅山猪凹背、垂腹、卧系和藏猪体型微小的缺点，改变了四川省主要地方猪种（内江猪、成华猪、雅南猪、藏猪）繁殖力中等偏下的现状。该品系不仅可以配套利用，也可用于经济杂交，具有广阔的应用前景。

6.2 引进并利用新巴克夏猪种资源，为优质猪育种开辟了新的路径

引进新巴克夏种猪，以此为素材进行专门化品系选育，利用其肌内脂肪含量高、生长快、瘦肉率高、被毛黑色等特性，成功培育出川藏黑猪配套系，为优质猪育种开辟了新的路径。

7 推广应用的范围、条件和前景

川藏黑猪在四川、河南、海南和新疆等地推广，实践表明：川藏黑猪既可以适应亚热带季风气候、南亚热带干热河谷立体气候、暖温带季风气候、大陆性干旱气候等多种气候条件，也适应盆地、平原、河谷等低海拔地区，以及2 000m较高海拔地区。从区域分布来看，它既可在中国西南、华南、华中等区域饲养，也可在西北区域饲养。由此可见，川藏黑猪适应我国大部分地区环境条件，推广应用范围广。

川藏黑猪经多年培育，遗传稳定，在综合生产性能、抗病力、耐粗饲、猪肉色泽、风味口感等方面均显著优于DLY商品猪（三元杂交猪），受到广大养殖户、生产企业、食品加工集团的高度认同。川藏黑猪肉质鲜美，能满足差异化猪肉消费市场需求；养殖川藏黑猪比较效益高，对农村经济发展、农民增收、畜牧业增效有明显促进作用；已构建了较为完善的种猪制种体系营销网络体系，为川藏黑猪产业化开发奠定了坚实基础；以川藏黑猪为代表的优质风味猪肉产业符合国家产业政策导向，符合2015年中央、四川省两个“一号文件”中发展地方特色农业的文件精神。川藏黑猪特色突出、肉质优异，经推广应用，已经展示了巨大的市场竞争力，对于四川省由种质资源大省向优质猪种源大省转变具有十分重要的意义。

晋 汾 白 猪

证书编号： 农 01 新品种证字第 24 号

培育单位： 山西农业大学

山西省畜禽繁育工作站

大同市种猪场

运城市盐湖区新龙丰畜牧有限公司

晋汾白猪公猪

晋汾白猪母猪

晋汾白猪后备猪群体

1 培育单位概况

1.1 山西农业大学

1907年创办，1979年列入全国重点高校，山西省人民政府与农业部共建大学，教育部本科教学评估优秀高校，全国首批深化创新创业教育改革示范高校，国家中西部基础能力建设高校。学校现有教职员工1 700余人，省级以上各类人才300余人，省部级科研创新平台50余个，在大豆遗传育种、猪遗传育种、羊遗传育种、羊驼、环境兽医、草地生态、食用菌、钙果育种、设施农业、现代农业装备等领域具有明显优势。

山西农业大学动物遗传育种与繁殖学科是国家重点培育学科和山西省重点学科。该学科一直以畜禽品种的培育为特色，先后参与了中国黑白花奶牛、晋岚绒山羊的培育。在猪遗传育种研究方面，经过三代人50多年的持续努力，在围绕马身猪种质特性研究的基础上，开展种质创新和新品种培育，先后主持育成了山西黑猪、山西瘦肉型猪新品系SD-Ⅰ系、SD-Ⅱ系、SD-Ⅲ系和SS-Ⅰ系以及山西白猪高产仔母系和晋汾白猪等新品种（品系）。同时，马身猪被列入《国家级畜禽遗传资源保护名录》，山西黑猪被写入《中国畜禽遗传资源志　猪志》，晋汾白猪通过国家畜禽遗传资源委员会审定。相关研究成果获省部级科技进步奖一等奖5项，二等奖8项，中国农博会产品金奖3项。

近年来，随着研究条件不断改善，创新能力显著提升。“猪种质资源发掘与创新利用研究团队”入选山西省科技创新重点团队，牵头获批了山西省晋猪产业技术创新战略联盟、山西省猪遗传改良工程技术研究中心、山西省生猪种业工程研究中心等5个创新平台。在成果转化方面，围绕自主培育品种进行产业化生产示范，创新优质猪肉品牌4个，年生产优质商品猪100万头以上，初步建立起晋猪繁育体系和产业化生产体系。

1.2 山西省畜禽繁育工作站

山西省畜禽繁育工作站是省级事业单位，专门从事畜牧公益性技术服务和全省畜禽良种繁育、生产、推广等行业管理工作。现有职工20余名，其中高级职称12人，中级职称10人，技术力量雄厚，尤其在技术推广方面经验丰富。作为行业管理和技术推广部门，围绕全省畜禽良种遗传改良与新品种培育，与省内大专院校和科研院所密切合作，主持和参与了山西省6个瘦肉型猪新品种（品系）的培育，马身猪、晋南牛、山西地方山羊的保种研究，农业部“948”引种项目等科研项目。近年来共获得省部级以上奖励16项，在畜禽新品种的选育、引进和推广方面发挥着重要的作用。

1.3 大同市种猪场

大同市种猪场始建于1954年，是集繁育、生产、推广于一体的国有事业单位。现为马身猪国家级保种场、山西省猪遗传资源场、山西省猪育种基地、山西农业大学猪遗传育种基地。全场现有职工155人，其中大专以上学历31人，高级职称8人，中级职称23人，技术力量雄厚。先后参与完成了山西黑猪、山西瘦肉型猪SD-Ⅱ系、山西白猪高产仔母系以及晋汾白猪的培育。先后承担国家“948”引种项目和山西省科技成果转化项目，获全国科学大会奖1项，省部级科技进步奖一等奖3项，二等奖5项。现存栏马身猪、山西黑猪、晋汾白猪以及加系原种猪530头，年可向社会提供优质种猪3 000余头。

1.4 运城市盐湖区新龙丰畜牧有限公司

运城市盐湖区新龙丰畜牧有限公司是集种猪繁育、生猪养殖、饲料生产销售、沼气综合利用为一体的股份制企业。公司占地13.33hm^2，现有员工68人，其中管理人员10名，技术人员12名。建有一座可存栏600头基础母猪的晋汾白猪选育场。2011年被认定为“晋汾白猪核心育种场”。公司选用晋汾白猪为核心品种，联合新龙丰饲料有限公司成立了农民专业合作社，形成“公司+农户”的产业化经营体系。公司现已注册品牌为“憨香牌”晋汾白猪冷鲜肉，现存栏能繁母猪670余头，年可提供各类优质种猪3 000余头。

2 培育背景与培育目标

2.1 培育背景

20世纪70—80年代，为了快速提高生猪生产性能、充分利用杂种优势，全国开始大量利用国外引进品种与国内地方猪种进行杂交培育新品种和专门化品系。在此形势下，当时的山西省畜禽繁育工作站提出，山西省今后猪的遗传改良将重点开展瘦肉型猪系列专门化品系的培育，即持续选育一批专门化品系，经配套后利用杂种优势，该计划后来被称为“山西省瘦肉型猪系列专门化品系的培育与利用计划”。至20世纪90年代初，已陆续开展了SD-Ⅰ系、SD-Ⅱ系、SD-Ⅲ系以及SS-Ⅰ系的培育。这些品系多以马身猪等地方品种为母本杂交选育而成，以黑花毛色为主，主要侧重于繁殖性能的选育提高，瘦肉率偏低，生长速度较慢。为了适应当时养猪业喜好白色品种及屠宰加工的需要，1995年，课题组提出培育一个白色兼具生长快的猪种，其生产性能要更加适用于规模化养殖的需求。同年，课题组利用长白猪与马身猪、二花脸猪杂交获得的杂种与长白猪回交，1996年获得“长二马”杂种后代，1997年“长二马”横交定型，1998年组建基础群开始继代选育。1999年，课题组申报的“利用分子遗传标记培育高产仔母系”被当时的山西省科学技术委员会立项研究。

山西白猪高产仔母系在培育过程中，表现出生长发育偏慢的问题。2005年，课题组经讨论提出，在现有高产仔母系选育的基础上，选择上两个世代的优秀个体，用加系大白猪杂交，再持续选育4～6个世代，以改善其生长育肥性能。该方案经山西省畜禽繁育工作站组织有关专家进行论证后确定，2005年开始杂交，2006年组建基础群进行继代选育，2008年，该项目被山西省科技厅批准立项研究。截至2012年，晋汾白猪经两个阶段20年选育，父本血统达到12个，而且杂交亲本数量多，遗传基础丰富，经中试推广，生产性能比较突出，完全达到了选育目标。

2.2 培育目标

培育能适应规模化生产、生产性能优秀的瘦肉型猪新品种，即既具有我国地方品种抗病、高繁殖力的特点，又具有生长速度快、饲料报酬高的优点。

3 主要特性特征及性能指标

3.1 体型外貌

晋汾白猪全身被毛白色，体质结实，背腰平直，腿臀较丰满，四肢粗壮，肢蹄坚实。母猪有效乳头7对以上，公猪生殖器发育正常。

3.2 品种特性

晋汾白猪产仔数高，作为纯种母猪利用，窝产仔数比引进品种多1头以上；用商品猪生产，杂种优势强，杂交猪生长速度接近或达到杜长大；抗病力强，育成率高，显著降低保健费用。

3.3 性能指标

3.3.1 繁殖性能

初产母猪产仔数10头以上，经产母猪产仔数13头以上，28日龄断奶重6.0kg以上，70日龄个体重20kg以上。

3.3.2 生长性能

达100kg体重日龄平均170d，体重20～100kg日增重750g以上，料重比3.0以下；杂交商品猪体重20～100kg日增重820g，料重比2.8以下。

3.3.3 胴体性状

达100kg体重屠宰，胴体瘦肉率58%以上；杂交商品猪胴体瘦肉率62%以上，眼肌面积35cm^{2}以上。

3.3.4 肉质性状

肉质pH、肉色、大理石纹和系水力表现良好，肌内脂肪含量2.5%以上，不出现PSE肉和DFD肉。

4 选育方案

4.1 选育技术路线

晋汾白猪原始的杂交母本有4个品种，为了便于固定，采用两阶段选育。第一阶段于

1993—2005 年，先培育山西白猪高产仔母系，获得杂交母本。第二阶段于 2005—2012 年，选择山西白猪高产仔母系 40 头母猪和 8 头公猪与加系大白猪进行正反交，12 头高产仔母系母猪与 4 头英系大白猪杂交，产生的杂种群经横交定型，建立基础群（0 世代），基础群含马身猪血统 6.25％、二花脸 3.125％、长白猪 40.625％和大白猪 50％。群体公猪血统有 12 个，规模为 24 公、118 母。技术路线见图 1 和图 2。

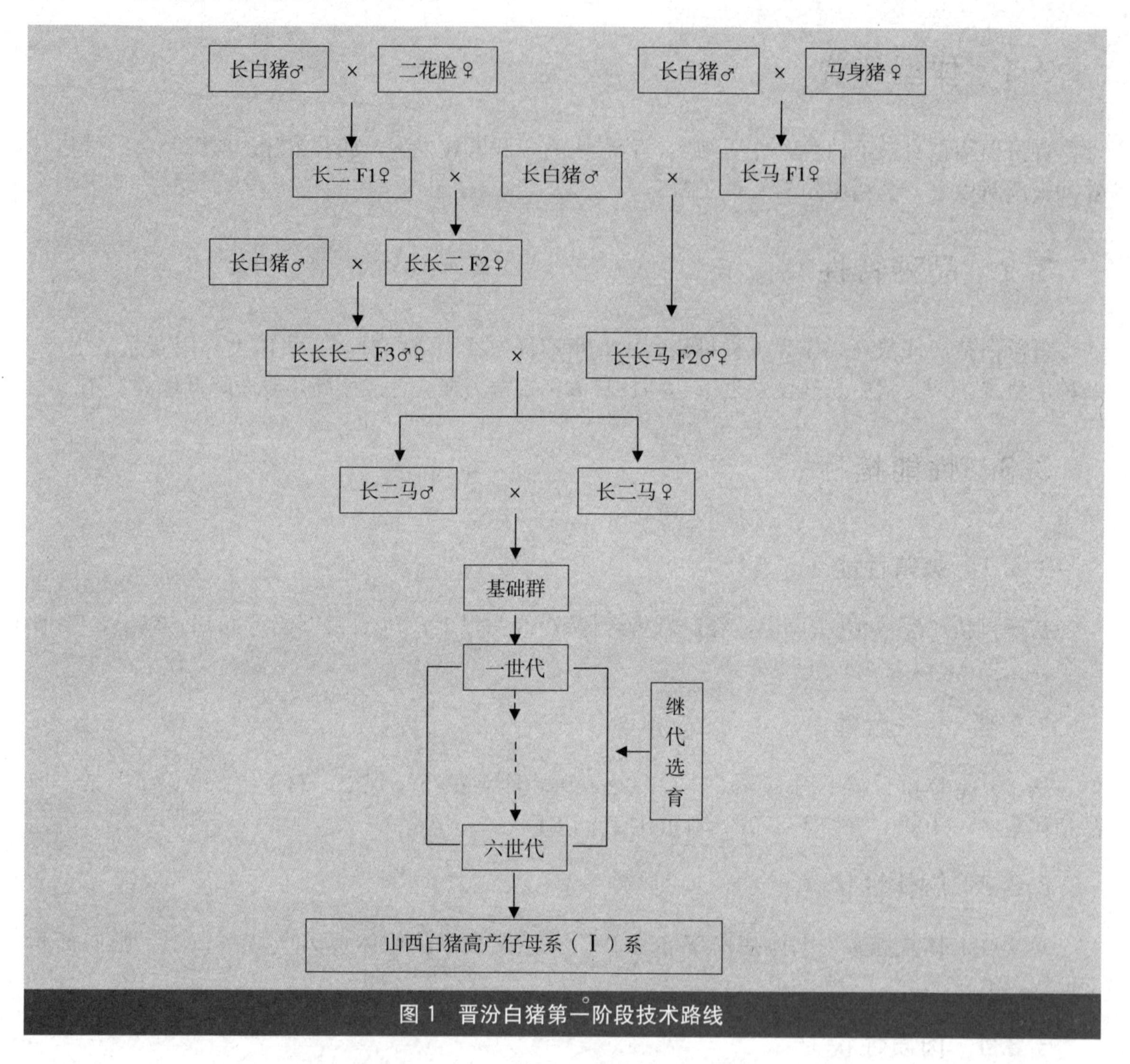

图 1　晋汾白猪第一阶段技术路线

4.2　主要性能指标

4.2.1　晋汾白猪纯系主要性能指标

4.2.1.1　体型外貌　晋汾白猪被毛白色、有光泽，体质紧凑结实。头大小适中，颜面微凹，耳中等大小，稍竖立，呈侧前倾。体躯较长，背较宽，背腰平直，胸宽深，腹线上收，臀部丰满。四肢健壮，蹄趾坚实。乳头排列均匀、整齐，发育良好，有效乳头数 7 对以上。

4.2.1.2　产仔性能　晋汾白猪初产母猪产仔数为 10.97 头，产活仔数 10.65 头；经产母猪产仔数为 13.11 头，产活仔数 12.63 头。

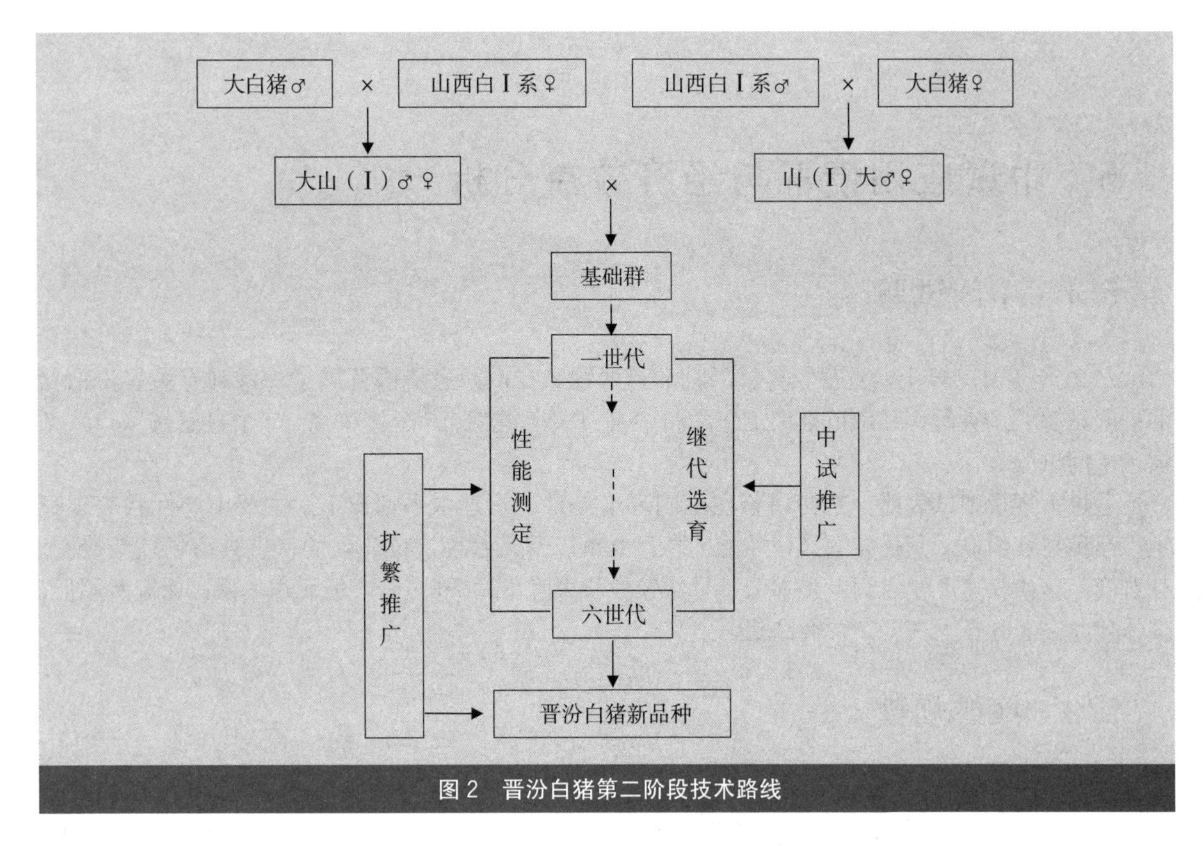

图2 晋汾白猪第二阶段技术路线

4.2.1.3 **生长性能** 晋汾白猪公猪初生重1.48kg、断奶重6.88kg、70日龄体重20.26kg、6月龄体重105.50kg、70～180日龄日增重774.91g。

晋汾白猪母猪初生重1.37kg、断奶重6.57kg、70日龄体重20.18kg、6月龄体重102.25kg、70～180日龄日增重746.09g。

4.2.1.4 **肥育性能** 晋汾白猪肥育期日增重在754.53～837.00g，每千克增重耗料在2.90kg左右，个体达100kg体重的日龄为171.00d，结果表明晋汾白猪纯种猪具有生长速度快、饲料转化率高等特点。

4.2.1.5 **胴体和肉质品质** 晋汾白猪在体重100kg时屠宰，屠宰率为72.80%，胴体瘦肉率为59.80%，肉色评分2.8分，背最长肌剪切力值为18.11N，肌内脂肪含量为2.73%。晋汾白猪纯种猪肥瘦适中，肉色红润，肌纤维细，肌肉细嫩。整体来看，胴体和肉质品质良好。

4.2.2 杜晋商品猪主要性能指标

杜晋二元商品猪在30～100kg阶段，日增重为878.11g，达100kg体重日龄165.40d，料重比2.70。杜晋二元商品猪在体重100kg和115kg时屠宰，屠宰率分别为75.85%和73.48%，胴体瘦肉率分别为64.57%和63.11%，肉色评分为3.07，肌内脂肪含量在2.76%，每100g谷氨酸含量达4.23g，杜晋杂种猪肉味鲜。

商品猪生长速度快，肉品质高，饲料利用率高，适合规模化生产，可大面积推广。

5 中试应用情况与经济效益分析

5.1 中间试验

2010年1月，经山西省畜牧兽医局批准，课题组在山西省境内开展了一系列有关晋汾白猪的中间试验、调查研究和示范推广工作。2010年4月，选择13个扩繁场、9个自繁场（户）开展了中间试验。

通过大规模中试表明，晋汾白猪在不同环境条件、管理水平情况下，主要生产性状表现稳定，品种特性明显。其优异的产仔性能、高育成率以及易管理、抗病强的特点被市场广泛接受。杜晋商品猪生长速度快、饲料要求低，虽然较杜长大晚出栏7d左右，但死亡率低，保健费用低，整体效益高于杜长大三元杂种商品猪。

5.2 推广规模

截至2013年5月，晋汾白猪已在山西省8个地市、21个县区广泛推广。共建立晋汾白猪扩繁场13个，共计存栏能繁母猪1 035头，年可生产种猪5 000余头，出栏优质商品猪10 000头；建立养殖基地1个，覆盖28个场户，存栏能繁母猪390头，年出栏杂交商品猪7 000头；自繁场存栏母猪735头，年出栏杂交猪12 000头。据统计，截至2012年年底，晋汾白猪存栏母猪2 300头，具备年生产商品猪4万头以上的能力。

6 育种成果的先进性及作用意义

晋汾白猪以4个国内外具有鲜明特点的猪种作亲本，虽然对丰富基础群遗传变异和增加遗传改进潜力具有重要意义，但同时也会带来基因不易固定、性状容易分离的问题。晋汾白猪通过分阶段杂交横交定型以及长期持续选育，较好地解决了这一难题。农业部种猪质量监督检验测试中心（广东）现场测定结果显示，晋汾白猪表现出很好的遗传稳定性，产仔数、瘦肉率等主要性状指标均一度好，认为与较长时间的选育有关。

6.1 创造性与先进性

一是育种素材丰富。晋汾白猪所用育种素材为马身猪、二花脸猪、长白猪和大白猪。育成的品种血统来源丰富，汇集了国内外具有代表性猪种的优良基因，保证了新品种性能的全面均衡。

二是生产性能突出。具有较高生长速度和胴体肉质好的同时，很好地保持了产仔多、适应性好、抗病力强的优点，这些特点更加适应生猪规模化生产的需求。

三是分子标记辅助选择。系统研究了与生长发育、繁殖性能、胴体和肉品质等重要经济性状相关的12个主（候选）基因。选用FSH亚基基因对晋汾白猪的繁殖性能进行分子标记辅助选种，是将已知的分子标记应用于动物育种实践的有效探索，并取得较好的选择效果。

6.2 作用与意义

一是丰富了种质资源。晋汾白猪的培育不仅创制了新的种质，丰富了猪的遗传资源，同时又很好地吸收利用了我国地方猪种的优秀基因，在开发利用中保存了这些珍贵的遗传资源。

二是完善了生猪品种结构。目前，生猪产业的品种结构过于单一，生产的产品同质化程度高，缺乏差异化竞争的基础。晋汾白猪的培育和推广应用，将大大提高我国优质生猪品种在产业中的占有率，对丰富产品结构、满足市场不同层次的需求具有重要作用。

7 推广应用的范围、条件和前景

山西省具有高低悬殊的纬度地带性气候特征。经中试推广，晋汾白猪已广泛分布于高寒的雁北地区、低热的晋南地区以及适宜的中部地区。因此，晋汾白猪对不同的地域生态和气候条件具有很好的适应性。

晋汾白猪发情明显，易配种，产仔多，仔猪育成率高，抗病力强，容易管理，适应大规模的产业化生产和农户分散饲养。利用晋汾白猪与杜洛克猪杂交生产商品猪，杂交后代生长速度快，饲料报酬高，杂种优势明显，适合集约化生产。

因此，立足晋汾白猪整体性能优势，通过完善“原种选育＋种猪扩繁＋商品生产＋品牌销售”的产业链，形成晋汾白猪特色品牌，促进山西及周边地区生猪产业化、品牌化发展，市场前景广阔。

明华黑色水貂

证书编号：农 17 新品种证字第 7 号
培育单位：大连明华经济动物有限公司

明华黑色水貂（公）

明华黑色水貂（母）

明华黑色水貂群体（公）

明华黑色水貂群体（母）

1　培育单位概况

大连明华经济动物有限公司成立于2003年（由原辽宁华曦集团金州珍贵毛皮动物公司组建），位于大连市保税区二十里堡镇钟家村，经营范围包括水貂、紫貂、貉、狐狸等。现有在职职工40人，其中，技术人员8人，高级畜牧师2人。公司具有一支专业的管理队伍和过硬的技术队伍，拥有毛皮饲养管理、繁殖育种、疾病防治、产品加工等核心专有技术，在行业规范化、标准化中具有示范引导作用。目前，明华黑色水貂育种核心群种貂存栏近6 000只，每年可向社会提供种貂18 000只。大连明华经济动物有限公司位于北纬38°57′～39°23′、东经121°61′～122°18′，东、南、西被黄海、渤海围绕，属于暖温带海洋季风气候，特定纬度形成的光照时间和沿海独特湿度适合水貂的生长和繁殖。

2　培育背景与培育目标

2.1　培育背景

水貂是一种小型的珍贵毛皮动物，毛皮轻薄坚韧，毛绒纤细、结实而丰厚，色调淡雅美观，是当前世界裘皮业中最好的制裘原料，被称为“软黄金”。我国年产水貂皮约5 800万张，约占世界水貂皮总产量的60%，水貂皮加工出口创汇近200亿美元。当前，我国已成为世界最大的水貂饲养国、最大的裘皮制品加工国、裘皮制品消费国和出口国，但我国不是养貂强国，品种杂、良种少、毛质差、生产力低是我国水貂生产过程中的主要矛盾，严重制约了我国养貂生产水平，降低了产品在国际市场上的竞争力。

为了改变国内貂皮质量问题，20世纪80年代中期开始从美国、加拿大等地引进黑色短毛水貂，改良国内品种。但是新引入的品种基本不能适应我国的地理气候条件和饲料条件，表现为发病率高、死亡率高、繁殖性能低下等现象。特别是20世纪末以来，国内的一些大型饲养场每年都从国外大量引种，而“引种、退化，再引种、再退化”始终未得到解决，也给国内企业带来巨大的经济损失。国外品种（特别是美国、加拿大的短毛黑色水貂）适应性差，对饲料营养水平和饲养环境要求高，国内水貂饲养场很难满足国外高档水貂品种生长的需要，品种问题严重制约了我国养貂业持续、健康发展。

从1993年起，中国成为毛皮进口国。目前国外水貂皮将近90%被中国购买，加工业急需优质毛皮。培育出适合我国饲料条件和饲养环境条件、具有良好的生产性能、稳定的遗传特性的水貂新品种，结束依靠进口品种的历史，改变我国水貂养殖面貌，使我国由水貂养殖大国变成水貂养殖强国势在必行。

金州黑色标准水貂是原辽宁华曦集团金州珍贵毛皮动物公司培育的我国唯一的水貂品种。1999年12月经国家家畜禽资源委员会审定，该品种主要经济性状为：窝产活仔数（4.57±0.19）只（n=469），公貂针毛长度（21.2±0.99）mm，母貂针毛长度（20.7±1.10）mm，公貂毛密度1.8万～1.9万根/cm^2。金州黑色标准水貂已有14年的历史，目前市场占有率42%左右，是国内最好的水貂品种，但该品种已不能满足当前裘皮加工业对水貂毛皮质量的更高要求（针毛短、平、齐、细、密，绒毛浓厚、柔软致密，针绒毛比例在 1∶0.82 以上）。

2003 年从美国威斯康星州布 Buhl-frye 水貂养殖场引进美国短毛黑色水貂2 668只，其中，种公貂 516 只，种母貂 2 152 只，美国短毛黑色水貂是由美国水貂养殖协会培育的水貂优良品种，毛色深黑，光泽度强，背腹毛色一致，下颌有白斑，腹部有白裆；针毛短、平、齐、细、密，绒毛浓厚、柔软致密，针绒毛比例适宜，被国际毛皮行业推崇为“水貂之冠”，皮张价格高出普通水貂皮的 1～2 倍，其制成品深受广大裘皮消费者的认可和好评。项目以该品种作为育种素材，选育工作始于 2003 年，通过高强度选择和本品种选育，旨在育成适合我国饲料条件和饲养环境的水貂新品种——明华黑色水貂。新品种不仅保留原来的毛绒品质，下颌白斑低于 5%，腹部无白裆，而且饲养成本要明显降低，抗病力明显优于原品种。

2.2 培育目标

以培育短毛黑色水貂新品种为目标，育成后将具有以下性能指标：

体质外貌：黑色，光泽度强、背腹毛色趋于一致，下颌白斑低于 5%，腹部无白裆，体质强健，抗病力、适应性强。

生长性能：公貂体重超过 2 000g，体长超过 42cm；母貂体重超过 1 050g，体长超过 38cm。

毛绒品质：针毛短、平、齐、细、亮，绒毛短、平、齐，成年公貂针毛长度短于 21mm，成年母貂针毛长度短于 18mm；成年公貂针绒毛比（背部 1/2 处）高于 1∶0.85，成年母貂针绒毛比（背部 1/2 处）高于 1∶0.86；9 月中旬前进入冬毛生长期。

繁殖性能：母貂总产仔数 4 只以上，活仔数 3 只以上；45 日龄断奶育成仔貂数 3 只以上，初生仔貂体重 9.0g 以上。

皮张等级：公貂一等皮张比例 90%，母貂一等皮张比例 88%以上。

适应性：适合我国饲料条件，毛绒品质不退化。

3 主要特性特征及性能指标

3.1 体型外貌

全身毛色漆黑，头稍宽大、呈楔形，面部粗短，嘴唇圆，鼻镜湿润、有纵沟，眼大有神、耳小。体躯大而长，颈短而粗圆，胸部略宽，背腰粗长，后躯较丰满，腹部较紧凑。前肢短小、后肢粗壮，爪尖利，无伸缩性。

3.2 品种特性

毛色漆黑、光泽度强、背腹毛色一致，全身无杂毛，下颌白斑低于 4.2%，腹部无白裆，针毛短、平、齐、细、密，绒毛丰厚、柔软致密，针绒毛比例适宜。适应性强，繁殖成活率高，抗病力强，适合我国饲料条件和饲养环境。

3.3 性能指标

3.3.1 毛绒品质

毛长度：公貂 19～22mm，母貂 16～19mm；绒毛长：公貂 16～19mm，母貂 14～17mm；针、绒毛长度比在 1∶0.75 以上；毛细度：针毛 53～56μm，绒毛 12～14μm；毛密度：>19 550 根/cm^2。

3.3.2 生长性能

仔、幼貂生长发育迅速，6 月龄接近体成熟。仔貂出生至 6 月龄体重、体尺生长发育情况详见表 1。

表 1 初生至 6 月龄体重、体尺生长发育情况

指标	性别	初生	45 日龄	60 日龄	90 日龄	120 日龄	150 日龄	180 日龄
体重(g)	♂	10.2～11.8	408.5～489.0	777.0～928.5	1 273.0～1 544.5	1 575.0～1 886.5	1 730.0～2 015.5	2 050.0～2 476.5
	♀	10.1～11.8	384.0～462.5	661.0～788.5	816.5～1 018.0	950.0～1 135.5	1 043.0～1 238.5	1 140.0～1 442.5
体尺(mm)	♂	7.1～8.1	23.0～25.8	27.5～31.4	36.5～41.5	39.4～43.3	40.8～44.8	42.3～45.8
	♀	7.1～8.1	22.2～23.9	25.6～29.3	32.1～36.2	34.4～38.7	35.6～40.2	36.8～42.1

3.3.3 繁殖性能

幼貂出生后 9～10 月龄性成熟，年繁殖一胎，种用年限 3～4 年，公貂配种率>90%，母貂受配率>95%，产仔率>80%，胎平均产仔>4.0 只，年末群平均成活 3.6～3.9 只，仔貂成活率（45 日龄）>80%，幼貂成活率（11 月末）>90%。

4 品种选育的方案

4.1 选育技术路线

采用常规育种和现代育种技术相结合的方法，试验与生产相结合。通过生长性能、繁殖性能、体型外貌和毛绒质量选择，完成了 4 个世代的连续选育。选择优秀个体留种，扩大优秀个体在群体中的比例。

育种技术路线和步骤按照育种素材的筛选和收集→风土驯化→组建基础群→选出符合育种目标的种貂组成育种核心群→通过闭锁繁育方式→经过四个世代选育→中试与应用的流程进行（图 1）。

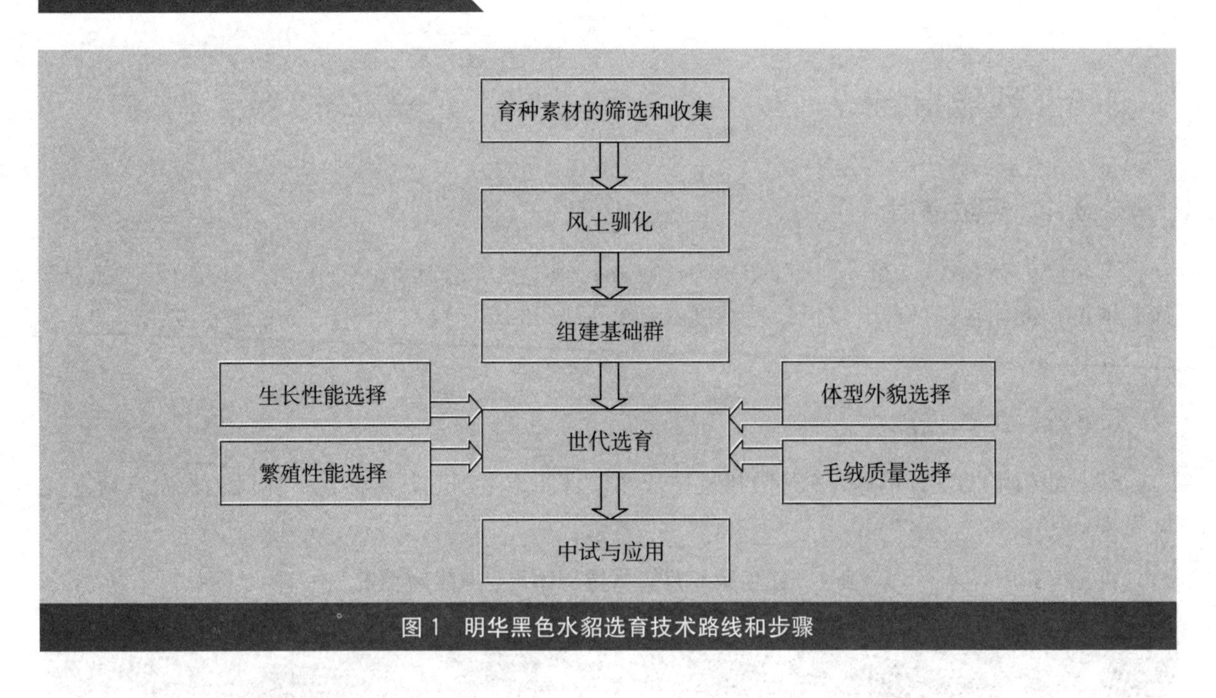

图 1　明华黑色水貂选育技术路线和步骤

4.2　主要性能指标

4.2.1　体重与体尺

成年公貂平均体重 2.32kg，体长 44.20cm；成年母貂平均体重 1.36kg，体长 35.45cm。四个世代的体重、体尺数据详见表 2、表 3。

表 2　明华黑色水貂不同世代体重

单位：kg

世代	性别	数量	总和	平均数	标准差	变异系数
G0	公	40	92.79	2.319 7	0.161 1	7.03
	母	200	251.45	1.257 2	0.092 1	7.35
G1	公	40	93.34	2.333 5	0.137 8	5.98
	母	200	260.64	1.303 2	0.132 3	10.18
G2	公	40	92.90	2.322 5	0.130 6	5.69
	母	200	272.40	1.362 0	0.151 2	11.13
G3	公	40	92.90	2.323 0	0.132 0	5.69
	母	200	272.40	1.366 0	0.163 7	11.13
G4	公	40	92.90	2.322 0	0.130 5	5.69
	母	200	272.40	1.362 0	0.151 8	11.13

表 3　明华黑色水貂不同世代体长

单位：cm

世代	性别	数量	总和	平均数	标准差	变异系数
G0	公	40	1 793	44.825 0	1.973 4	4.46
	母	200	6 799	33.995 0	2.551 9	7.53
G1	公	40	1 767	44.175 0	1.664 1	3.82
	母	200	6 887	34.435 0	2.562 8	7.46
G2	公	40	1 792	44.812 5	1.709 2	3.86
	母	200	7 080	35.400 0	2.416 6	6.84
G3	公	40	1 771	44.307 0	1.623 6	3.70
	母	200	7 090	35.488 0	2.268 3	6.25
G4	公	40	1 768	44.200 0	1.767 1	4.05
	母	200	7 090	35.450 0	2.210 8	6.25

4.2.2　毛绒品质及等级

明华黑色水貂毛绒品质及等级统计见表 4、表 5。成年公貂针毛长度十字部（19.7±0.3）mm、背部（20.3±0.4）mm、臀部（22.7±1.2）mm、腹部（14.5±2.2）mm；成年母貂针毛长度十字部（15.5±1.3）mm、背部（17.2±1.1）mm、臀部（18.8±0.6）mm、腹部（16.1±1.9）mm；成年公貂绒毛长度十字部（12.4±0.3）mm、背部（17.8±0.2）mm、臀部（16.7±0.6）mm、腹部（12.8±0.8）mm。成年母貂绒毛长度十字部（11.2±0.2）mm、背部（15.4±0.7）mm、臀部（16.0±0.8）mm、腹部（12.2±0.3）mm；成年公貂针绒毛比（背部 1/2 处）为 1∶0.88，成年母貂针绒毛比（背部 1/2 处）为 1∶0.89。成年公貂毛密度（电镜扫描）背部 24 550 根/cm^2、腹部 23 200 根/cm^2；成年母貂毛密度（电镜扫描）背部 23 207 根/cm^2，腹部 21 253 根/cm^2。成年公貂针毛长（19.3±1.3）mm，绒毛长（15.0±0.4）mm，毛密度为 23 875 根/cm^2；成年母貂针毛长（16.9±1.3）mm，绒毛长（13.7±0.5）mm，毛密度为 22 230 根/cm^2。

表 4　明华黑色水貂针绒毛长度和密度（2010 年）

性别	部位	只数	绒毛长度（mm）	针毛长度（mm）	针绒毛长度比	毛密度（根/cm^2）
公	十字	20	12.4±0.3	19.7±0.3	1∶0.63	—
	背部	20	17.8±0.2	20.3±0.4	1∶0.88	24 550
	臀部	20	16.7±0.6	22.7±1.2	1∶0.74	—
	腹部	20	12.8±0.8	14.5±2.2	1∶0.88	23 200
	平均		15.0±0.4	19.3±1.3	1∶0.78	23 875
母	十字	20	11.2±0.2	15.5±1.3	1∶0.72	—
	背部	20	15.4±0.7	17.2±1.1	1∶0.89	23 207
	臀部	20	16.0±0.8	18.8±0.6	1∶0.85	—
	腹部	20	12.2±0.3	16.1±1.9	1∶0.78	21 253
	平均		13.7±0.5	16.9±1.3	1∶0.81	22 230

表 5　明华黑色水貂皮张等级（2010 年）

公皮等级比例（%）				母皮等级比例（%）			
数量	一级	二级	等外	数量	一级	二级	等外
1 092	93.85	3.33	2.82	1 227	95.05	3.67	1.28

5　中试应用情况与经济效益分析

按照大连市动物卫生监督管理局对明华黑色水貂地域试验的批复（大动卫发【2011】2 号），在大连富龙水貂繁育中心、大连安特种貂繁育有限公司、庄河市宏翼养貂专业合作社、大连大山农牧业农牧产品经营开发有限公司、庄河市庄群养貂专业合作社进行中间饲养试验，共中试扩繁明华黑色水貂 11 812 只。推广应用通过农业部特种经济动植物及产品质量监督检验检测中心检测，主要经济性状达到了育种目标。种貂适应当地的气候环境条件，生长发育和繁殖性能良好，遗传性能稳定。

根据中试和推广结果，证明明华黑色水貂育种工作取得了良好的经济效益和社会效益。大连明华经济动物有限公司生产种貂 32 605 只，繁育仔貂 106 488 只，为企业创造经济效益 2 981.65 万元；中试实验种貂 11 812 只，创造经济效益 472.48 万元；预计推广 100 万只，可产生效益 7 亿元；预计每年产皮 400 万张，创造经济效益 16 亿元。同时减少优质水貂种源的进口，保证了国内加工业对高端产品的市场需求。

6　育种成果的先进性及作用意义

明华黑色水貂的创造性和先进性主要体现在以下三个方面：

（1）明华黑色水貂的育种始终坚持以毛皮质量优良作为主题目标的育种模式。

（2）瞄准国际顶级的毛皮品质，开拓性地利用美国短毛黑色水貂作为明华黑色水貂培育的基本素材。以国际顶级的毛皮品质为目标的育种方案，为今后水貂育种工作开辟了一条新的途径。

（3）明华黑色水貂的适应性广，适合我国的饲料条件和饲养环境。明华黑色水貂的成功培育改写了我国优质水貂种源依靠进口的局面，谱写了我国水貂养殖业的新篇章。

7　推广应用的范围、条件和前景

明华黑色水貂适应性强，不仅适合规模性养殖企业饲养，也适合农户庭院式养殖。明华黑色水貂针毛短、平、齐，绒毛浓厚、柔软致密，被国际毛皮行业推崇为“水貂之冠”，皮张价格是普通水貂皮的 1.5 倍，制成品深受广大裘皮消费者的认可和好评。东北地区、华北地区和胶州湾地区比较适合养殖。

天露黑鸡配套系

证书编号：农 09 新品种证字第 56 号
培育单位：广东温氏食品集团股份有限公司

天露黑鸡配套系父母代公鸡

天露黑鸡配套系父母代母鸡

天露黑鸡商品代公鸡

天露黑鸡商品代母鸡

1 培育单位概况

广东温氏食品集团股份有限公司（简称“温氏股份”），创立于1983年，现已发展成一家以畜禽养殖为主业、配套相关业务的跨地区现代农牧企业集团。2015年11月2日，温氏股份在深交所挂牌上市（股票代码：300498）。

截至2016年12月31日，温氏股份已在全国20多个省（自治区、直辖市）拥有239家控股公司、5.86万户合作家庭农场、4.9万多名员工。2016年度实现上市肉猪1 713万头、肉鸡8.19亿只、肉鸭2 626万只，总销售收入594亿元。

温氏股份现为农业产业化国家重点龙头企业、国家级创新型企业，组建有国家生猪种业工程技术研究中心、国家企业技术中心、博士后科研工作站、农业部重点实验室等重要科研平台，拥有一支由10多名行业专家、66名博士为研发带头人、466名硕士为研发骨干的高素质科技人才队伍。

温氏股份掌握了畜禽育种、饲料营养、疫病防治等方面的关键核心技术，拥有多项国内领先、世界先进的育种技术，具有国家畜禽新品种9个、获得省部级以上科技奖励43项，温氏股份及下属控股公司共获得专利238项（其中发明专利91项）。“温氏商标”被认定为中国驰名商标，温氏品牌被评为中国畜牧业最具影响力品牌。

温氏股份十分重视优质鸡的育种工作，于1994年成立了广东温氏南方家禽育种有限公司，专门从事优质肉鸡的育种。经过二十余年的努力，公司建立了完善的优质肉鸡育种及良种繁育推广体系。现有原种鸡场4个，祖代鸡场6个，父母代场83个，1个种鸡性能测定场和1个肉鸡性能测定场，育种个体笼位数达5万个以上。同时公司收集了丰富的育种素材，保存选育的品系达50个，形成了黄脚黄羽系列、黄脚黄麻羽系列、黄脚麻羽系列、黑脚黑羽系列、黑脚黄麻羽系列、黑脚麻羽系列、乌皮鸡系列、竹丝鸡八大类型的产品。其中，“新兴黄鸡2号”“新兴矮脚黄鸡”“新兴麻鸡4号”“新兴竹丝鸡3号”已通过国家畜禽品种审定。公司对人才培养高度重视，目前公司拥有家禽育种博士3名，育种硕士10人，每个育种二级公司配备专职育种经理，每个育种场配备专职育种技术员和专职选种人员，以保证育种工作的顺利实施。另外还聘请华南农业大学、中国农业大学、中国农业科学院家禽研究所、四川农业大学、广西大学、山东农业大学的专家教授作为育种和疾病净化的顾问，一起研讨和参与公司的优质鸡育种工作。

温氏股份始终坚持以精诚合作、齐创美满生活为企业文化的核心理念，与股东、员工及各方合作伙伴一起精诚合作，为推进中国农业产业化做出应有的贡献。

2 培育背景与培育目标

2.1 培育背景

黑羽黑脚品种是我国地方鸡品种的重要类型之一，如狼山鸡、广西麻鸡黑羽型、文昌鸡黑羽型、桃源鸡黑羽型等，具有较广泛的消费市场。

华中地区，包括湖南、湖北、江西、福建等省份，对黑羽黑脚的肉鸡有特殊喜好，黑羽鸡有较大的市场份额。其市场需求为：母鸡出栏体重 1.4～1.6kg；饲养时间 100d 以上，肉鸡出栏时要求开产或接近开产，鸡冠发育良好；羽毛贴身光亮，毛色纯黑发绿光，可有少量花颈圈个体，脚细，脚色为黑色。公鸡出栏时间 80～84d，体重 1.5～1.6kg，腹部为黑色，背毛为红色，尾较长，脚较细，脚色最好为黑色。温氏股份天露黑鸡配套系的培育主要针对华中地区市场需求进行，除此之外，天露黑鸡在广东、广西、浙江、云南、山东也有部分市场。

2.2 培育目标

以“广西麻鸡黑羽型”“文昌鸡黑羽型”为素材，培育一个适合华中地区，并兼顾其他地区消费需求的优质肉鸡品种。育种目标为：①商品母鸡 105 日龄出栏，体重为 1.45kg，体重均匀度达 70%以上；②早熟，母鸡上市时达 5%产蛋，其他个体接近产蛋，鸡冠发育良好；③母鸡羽毛纯黑发绿光，可有少量花颈圈个体，毛片短密，羽毛紧凑光亮；④体型团圆度适中，以适应不同市场的需求，尾长适中，以适应公、母鸡的销售；⑤脚细，母鸡胫围不超过 3.5cm；⑥着肉性能良好，商品母鸡胸肌率大于 16.5%，腿肌率大于 28%；⑦商品公鸡 84d 上市，早熟冠大直立，体重 1 550～1 600g，背毛红亮，最好为黑脚，有尾发绿光。⑧父母代种鸡具有较好的繁殖性能，66 周龄只入舍母鸡提供合格种蛋数 165 个，提供健雏数 140 只；⑨对白血病和白痢进行净化，白血病阳性率控制在 5%以下，白痢阳性率控制在 1%以下。

3 配套系的组成及特征特性

3.1 配套系组成

天露黑鸡由三系配套组成，父本父系为 N418、母本父系为 N417、母本母系为 N416，其配套组成结构见图 1。

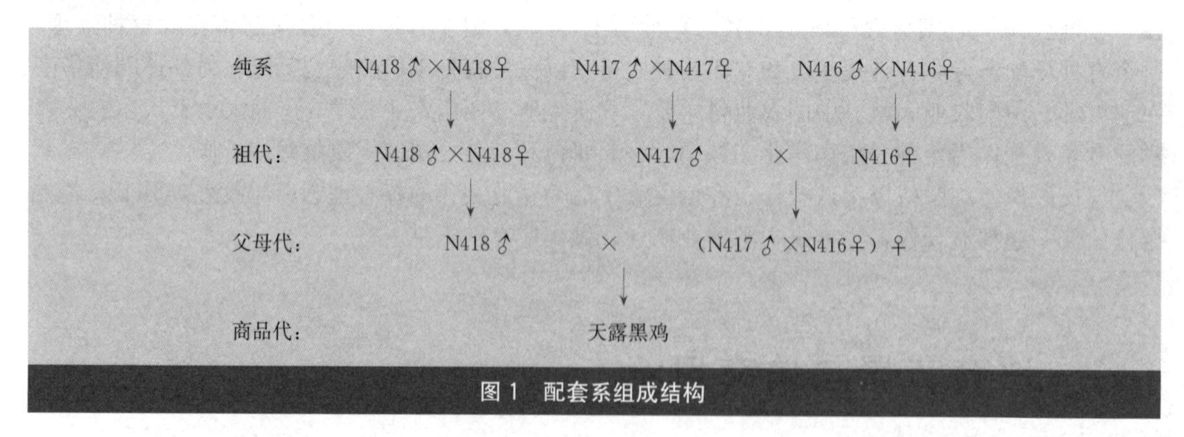

图 1 配套系组成结构

3.2 配套系外貌特征及特性

3.2.1 各品系外貌特征及特性

3.2.1.1 N418 品系 纯黑羽，少量花颈圈个体；母鸡黑脚，公鸡黑脚或黄脚。单冠直立，冠大鲜红，早熟性好。为部分慢羽，羽毛紧凑光亮。脚较细矮，体型团圆。

3.2.1.2 **N417 品系** 纯黑羽个体，少量花颈，母鸡为黑脚，公鸡黑脚或黄脚。单冠直立，冠大鲜红，早熟性好。为快羽品系，羽毛紧凑光亮，尾较长。脚较细矮，体型团圆度适中。

3.2.1.3 **N416 品系** 纯黑羽个体，少量花颈，母鸡为黑脚，公鸡黑脚，部分黄脚。单冠直立，冠大鲜红，早熟性较好。为快羽品系，羽毛紧凑光亮，尾较长。脚较细矮，体型团圆度适中。

3.2.2 父母代种鸡外貌特征

天露黑鸡配套系父母代公鸡为慢羽型，成年公鸡体型健硕，团圆，羽毛紧凑，单冠直立，冠大鲜红，早熟性好。喙黑、胫黑，皮肤黄色。颈羽金黄，性羽、鞍羽红黄，其他部位羽毛黑色光亮，22 周龄体重 1 700～1 750g，胫长 9.1～9.3cm，胫围 4.4～4.6cm；父母代母鸡为快羽型，成年母鸡体型匀称、较团圆，头部清秀，全身羽毛黑色光亮、紧凑贴身。单冠直立，冠、肉垂、耳叶鲜红色，喙、胫为黑色、皮肤为黄色。

3.2.3 商品代外貌特征

3.2.3.1 **商品代公鸡** 毛色为黑色，成年背毛变红，腹部黑色，脚为黑色或黄色。单冠直立，冠大鲜红，早熟性好。羽毛紧凑，尾长适中，尾羽黑色发绿光。脚较细，体型团圆度适中。

3.2.3.2 **商品代母鸡** 毛色为纯黑色，有绿光，少量为花颈圈个体。单冠，部分倒冠，冠较大鲜红，早熟性好。脚较细，脚色为黑色。体型团圆度适中，尾长适中。

3.3 配套系生产性能

3.3.1 各品系生产性能

3.3.1.1 **N418 品系** 经过 10 个世代的选育，品系的外观性状和均匀度得到了较大的提高，品系母鸡在 105 日龄出栏时能达到开产的水平，羽毛纯黑一致、体型团圆、羽毛紧凑。通过 10 个世代选种，N418 品系的生长速度有了很大的进展。公鸡 13 周龄体重（1 742±128）g，胫长（90.21±2.50）mm，胫围（43.28±1.00）mm。母鸡 11 周龄体重（1 195±81）g，胫长（67.78±1.65）mm，胫围（32.95±0.70）mm，选育效果达到预期。对垂直传播的鸡白痢、禽白血病进行净化工作，经过连续 10 个世代的检测、净化，公母鸡白痢、禽白血病的阳性率显著下降，公、母鸡的白痢阳性率分别为 0.8%、1.2%，禽白血病阳性率分别为 0.8%、0.6%。

3.3.1.2 **N417 品系** 经过 9 个世代的选育，品系的外观性状和均匀度得到了较大的提高，品系母鸡在 105 日龄出栏时早熟性能达到开产的水平，羽毛纯黑一致有光泽、体型较团圆、羽毛较紧凑。公、母鸡的体重略有提升，均匀度得到较大的提高，公鸡 13 周体重（1 669±122）g，胫长（88.97±2.46）mm，胫围（42.85±0.94）mm，母鸡 11 周龄体重（1 143±83）g，胫长（67.54±1.36）mm，胫围（32.85±0.54）mm。品系的产蛋性能得到了较大幅度的提高，300 日龄产蛋数（94.0±8.15）个，66 周龄产蛋数（175.7±16.81）个，选择达到了预期的效果。对垂直传播的禽白血病、鸡白痢进行净化，经过连续 9 个世代的净化，公母鸡白痢、白血病的阳性率显著下降，公、母鸡白痢阳性率分别为 1.8%、1.6%，公、母鸡白血病阳性率分别为 1.8%、1.4%。

3.3.1.3 **N416 品系** 经过 9 个世代的选育，品系的外观性状和均匀度得到了较大的提高，品系母鸡早熟性在 105 日龄出栏时能达到开产的水平，羽毛纯黑一致有光泽、体型较团圆、羽毛较紧凑。公母鸡的体重略有提高，均匀度得到较大的提高，公鸡 13 周体重（1 619±123）g，胫长（88.67±2.77）mm，胫围（42.81±1.11）mm，母鸡 11 周龄体重（1 127±83）g，胫长（67.48±1.87）mm，胫围（32.51±0.72）mm。品系的产蛋性能得到了较大幅度的提高，300 日龄产蛋数（95.4±7.68）个，66 周龄产蛋数（178.0±15.29）个，品系选择效果达到预期。对垂直传播的白血病、白痢进行净化，经过连续 9 个世代的净化，公母鸡白痢、白血病的阳性率显著下降，公、母鸡白痢阳性率分别为 1.4%、1.5%。

3.3.2 父母代种鸡生产性能

天露黑鸡配套系父母代种鸡生产性能优秀，28 周龄达产蛋高峰，高峰产蛋率 83%以上，66 周龄入舍母鸡产蛋量 170～178 个，全期种蛋合格率 92.8%～95.7%，全期种蛋受精率 93.5%～94.9%，全期受精蛋孵化率 90.5%～92.1%，至 66 周龄入舍母鸡产合格种苗 134～147 只。

3.3.3 商品代生产性能

天露黑鸡配套系商品代公鸡 84 日龄前后上市，冠大鲜红，羽毛紧凑，颈羽金黄，性羽、鞍羽红黄，其他部位羽毛黑色，体重 1 550～1 650g，胸肉饱满，胸肌率 16.2%～17.2%，腿肌发达，腿肌率 27.8%～28.7%，饲料转化比（2.90～2.95）：1，成活率 96%以上。母鸡 105 日龄上市，体型团圆，胸腿肌较发达，胸肌率 16.2%～17.1%，腿肌率 26.6%～27.7%，毛色纯黑色，体重 1 450～1 550g，饲料转化比（3.4～3.5）：1，成活率 96%以上。

4 选育技术路线及主要选育性状

4.1 选育技术路线

配套系培育的技术路线见图 2。

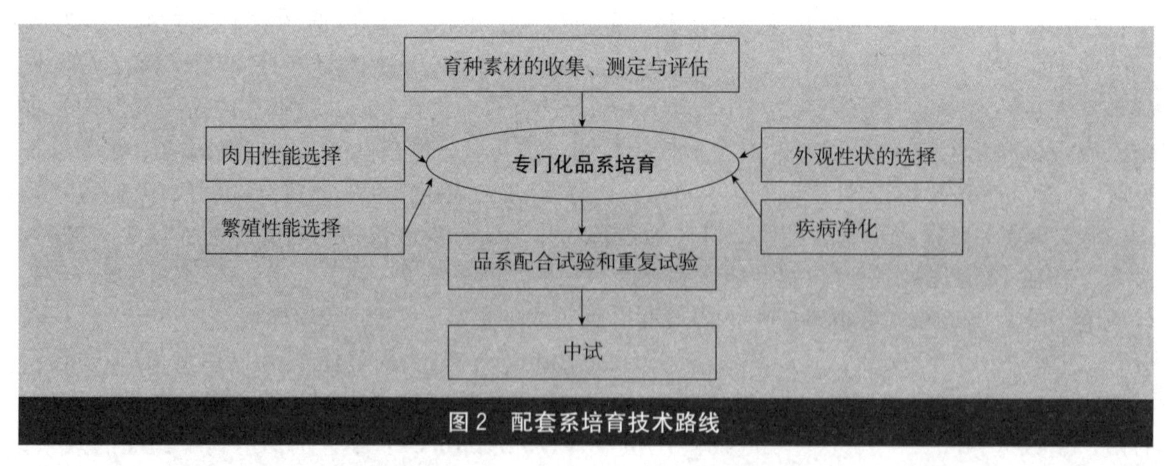

图 2 配套系培育技术路线

品系的选育采用专门化品系培育方法，分父本品系和母本品系选育，各系选择改良的重点性状有所不同，父本品系主要选择外观特征和肉用性能，而母本品系在选择外观特征和肉用性能的同时，重点提高繁殖性能。纯系选育采用闭锁群家系选育法，育种基础群一旦确定，就不再引进外血，家系繁育，系谱孵化，个体的亲缘关系明确。对外观性状采用独立淘汰法选种，淘汰任何某一性状达不到育种要求的个体。对单性状，根据性状遗传力，采用个体、家系或个体结合家系的选种方法。对繁殖性能的选择采用300日龄产蛋数早期选种方法，以缩短世代间隔，后测定至66周龄产蛋性能为下世代选留提供依据。父本品系一般在产蛋高峰繁殖下一世代，世代间隔为32周左右，两年三个世代。母本品系一般在45周龄繁殖下一世代，世代间隔为52周左右，一年一个世代。

品系选育基本程序为：出雏时的选择和戴翅号→体型外貌初选→体型外貌复选→指标测定→中选鸡只的挑选→上笼前的复选→母本品系个体产蛋测定→家系组建→纯繁下世代。

4.2 主要选育性状

品系选育的性状有：①体重及均匀度；②胸腿肌发育；③体型、胫围、胫长等；④外观：冠发育、羽毛的颜色和紧凑度及收毛，尾羽发育、脚色等；⑤繁殖性能：开产日龄、个体产蛋数。

品系测定的指标有：体重、胫长、胫围、个体开产日龄、个体产蛋数。

5 中试应用情况与经济效益分析

5.1 中试应用情况

广东温氏食品集团股份有限公司从2012年1月至2013年3月开始在广东省中试天露黑鸡配套系，共中试父母代种鸡25.2万套，商品肉鸡879.1万只。中试结果显示，该配套系市场反馈良好，其父母代种鸡、商品代肉鸡有较强的市场竞争力和盈利能力，产生了较好的经济效益和社会效益，具有较大的推广价值。

5.2 经济效益分析

5.2.1 父母代种鸡经济效益评估

天露黑鸡配套系的各品系均经过了8～10个世代的选育，其母本品系繁殖性能得到了大幅度的提升，品系的纯度也得到提高，使天露黑鸡配套系的父母代种母鸡具有优秀的繁殖性能，其高峰产蛋率为82%～85%，80%以上产蛋率可维持3～5周，66产蛋周每只入舍母鸡可提供的商品代鸡苗比其他公司同类型品种多10只，按每只鸡苗1.5元计算，每套父母代种鸡增加效益15元，按年推广100万套父母代种鸡计算，新增效益1 500万元。目前，该配套系父母代种鸡已推广到全国多个省市，客户反映良好。

5.2.2 商品代肉鸡经济效益评估

天露黑鸡配套系商品代公鸡饲养至84日龄，体重可达1.6kg，饲料转化率为2.9∶1；商品代母鸡饲养至105日龄，体重可达1.5kg，饲料转化率为3.5∶1。与社会上其他同类型品种相比，在饲养至相同日龄的前提下，天露黑鸡外观优良，早熟、羽毛纯黑光亮、比社会同类品种价格高0.4元/kg，按每只鸡1.5kg计算，每只效益提高0.6元。按每年推广肉鸡1亿只计算，每年可新增利润6 000万元。

5.2.3 社会效益评估

天露黑鸡配套系经过广东温氏食品集团股份有限公司多年的选育，具有生长速度适中、外观优良、群体均匀度好、抗逆性强、饲料转化率高、饲养成本低等优势，受到广大养殖户的青睐；同时，由于该品种商品代肉鸡土鸡外观特征典型，肉质鲜美，深受消费者喜欢，在带动一大批养殖户走上致富道路的同时，更好地满足市场需求，进一步丰富全国各地人民的菜篮子，具有良好的社会效益。

6 育种成果的先进性及作用意义

6.1 分子标记技术在品种培育中的应用

6.1.1 隐性白基因的分子检测

在天露黑鸡的培育过程中，分子标记技术被应用到 N418、N417、N416 这三个品系隐性白羽基因的剔除过程中。3 个品系共检测 4 000 羽份，现在商品代鸡苗没有白苗出现。

6.1.2 腹脂和饲料报酬的分子标记筛选

育种过程中还对腹脂和饲料报酬的分子标记进行了筛选和验证，公开发表了《鸡 *IGF-I* 基因单核苷酸多态性及其与屠体性状关系的研究》《Determination of Residual Feed Intake and Its Associations with Single Nucleotide Polymorphism in Chickens》等研究论文，为下一步建立降低优质鸡腹脂率和提高饲料效率的选种方案奠定了基础。

6.2 鸡个体产蛋量记录系统的改进

传统的个体产蛋测定记录是手工进行，存在工作量大、烦琐、容易出错的缺点。为此，研发了一套基于条形码扫描技术的自动记录系统，并将这项技术应用到天露黑鸡产蛋记录工作中，极大地减轻了劳动量，保证了数据的准确性，提高了工作效率。最近，又将原有的条形码技术升级到 RFID 卡扫描技术，产蛋记录系统更加便捷、准确。

6.3 个体饲料报酬测定技术的研究

对天露黑鸡的配套的父本 N418 品系进行了两个世代的饲料报酬个体测定，测定的鸡数为每世代 500 只公鸡，为下一步大规模推广该项技术做准备。

7 推广应用的范围、条件和前景

天露黑鸡配套系在经过多年的选育后，与社会上同类型品种相比，其种鸡生产性能、肉鸡生长速度、饲料转化效率、抗病能力、外观特征等方面都具有较大优势，可以说，该品种的综合生产性能已处于社会同行的前列，对该品种的推广应用可以获得更大的经济和社会效益。在对天露黑鸡配套系培育的过程中，所采用的配套素材全部为土鸡类素材，无引入任何中速或快长类血缘，每项性能的提高都依靠每个世代选育效果的叠加，因此在改良了品种生产性能的同时，最大限度地保证了该品种原有的土鸡风味，使该品种从开始培育到推广应用，始终保持皮薄肉鲜、骨细味香的特点，深受消费者的认可。另外，天露黑鸡配套系商品代黑羽黑脚黄皮的外观特点，迎合了全国多个省市区域市场对土鸡外观的认知，如湖南、湖北、江西，乃至四川、贵州等省份，从而使该品种在上述区域具有广阔的市场空间，特别是处于华中地区的湖南、湖北等省份，具有黑羽、黑脚、黄皮特征的肉鸡品种已成为当地最主流的土鸡消费品种。综上所述，天露黑鸡配套系由于其具有良好的生产性能、鲜美的肉质风味以及独特的外观特征，在全国各地都有广阔的推广前景。

天露黄鸡配套系

证书编号：农 09 新品种证字第 55 号
培育单位：广东温氏食品集团股份有限公司

天露黄鸡配套系父母代公鸡

天露黄鸡配套系父母代母鸡

天露黄鸡配套系商品代群体

1 培育单位概况

广东温氏食品集团股份有限公司（简称“温氏股份”），创立于1983年，现已发展成一家以畜禽养殖为主业、配套相关业务的跨地区现代农牧企业集团。

截至2016年12月31日，温氏股份已在全国20多个省（自治区、直辖市）拥有239家控股公司、5.86万户合作家庭农场、4.9万多名员工。2016年度实现上市肉猪1 713万头、肉鸡8.19亿只、肉鸭2 626万只，总销售收入594亿元。

温氏股份现为农业产业化国家重点龙头企业、国家级创新型企业，组建有国家生猪种业工程技术研究中心、国家企业技术中心、博士后科研工作站、农业部重点实验室等重要科研平台，拥有一支由10多名行业专家、66名博士为研发带头人，466名硕士为研发骨干的高素质科技人才队伍。

温氏股份掌握了畜禽育种、饲料营养、疫病防治等方面的关键核心技术，拥有多项国内领先、世界先进的育种技术，现有国家畜禽新品种9个、获得省部级以上科技奖励43项，温氏股份及下属控股公司共获得专利238项（其中发明专利91项）。“温氏商标”被认定为中国驰名商标，温氏品牌被评为中国畜牧业最具影响力品牌。

温氏股份十分重视优质鸡的育种工作，于1994年成立了广东温氏南方家禽育种有限公司，专门从事优质肉鸡的育种。经过二十余年的努力，公司建立了完善的优质肉鸡育种及良种繁育推广体系。现有原种鸡场4个，祖代鸡场6个，父母代场83个，1个种鸡性能测定场和1个肉鸡性能测定场，育种个体笼位数达5万个以上。同时公司收集了丰富的育种素材，保存选育的品系达50个，形成了黄脚黄羽系列、黄脚黄麻羽系列、黄脚麻羽系列、黑脚黑羽系列、黑脚黄麻羽系列、黑脚麻羽系列、乌皮鸡系列、竹丝鸡八大类型的产品。其中，“新兴黄鸡2号”“新兴矮脚黄鸡”“新兴麻鸡4号”“新兴竹丝鸡3号”已通过国家畜禽新品种审定。公司对人才培养高度重视，目前公司拥有家禽育种博士3名，育种硕士10人，每个育种二级半公司配备专职育种经理，每个育种场配备专职育种技术员和专职的选种人员，以保证育种工作的顺利实施。另外，还聘请华南农业大学、中国农业大学、中国农业科学院家禽研究所、四川农业大学、广西大学、山东农业大学的专家教授作为育种和疾病净化的顾问，一起研讨和参与公司的优质鸡育种工作。

温氏股份始终坚持以精诚合作，齐创美满生活为企业文化的核心理念，与股东、员工及各方合作伙伴一道精诚合作，为推进中国农业产业化做出应有的贡献。

2 培育背景与培育目标

2.1 培育背景

优质鸡是具中国特色的肉鸡品种，其外观华丽、肉质优良，符合我国，特别是南方地区人民的消费习惯和烹调方式，具有广阔的发展前景。

我国优质鸡市场需求复杂，不同区域对优质鸡的外观、饲养日龄（肉质）、出栏体重规格、性别有不同的要求，因此品种类型众多，以满足不同市场、不同消费层次的需求。

温氏股份是我国最大的优质鸡生产企业，其采用“公司加家庭农场”的方式进行优质鸡生产，2012 年出栏优质鸡 8.7 亿只，在全国主要优质鸡的消费地区均建立有一体化养殖分公司。为满足企业发展的需要，培育了众多的优质鸡品种，天露黄鸡是其中之一。

广东市场，特别是珠江三角洲市场，是传统“广西三黄鸡”的主要消费市场，年消费数量达 2 亿只左右，其市场的需求具有一定的特殊性：只消费母鸡，出栏体重 1.4kg；饲养时间 100d 以上，肉鸡出栏时要求开产或接近开产；羽毛贴身光亮，毛色偏白，能收毛；脚细矮，尾短，体型团圆；脚色和皮肤黄色，可以稍白。温氏股份天露黄鸡配套系的培育主要针对该地区的市场需求进行，除此之外，天露黄鸡在湖南、福建、浙江也有一定的市场。

2.2 培育目标

以“广西三黄鸡”为素材，培育一个适合广东，特别是珠三角地区消费的优质肉鸡品种。育种目标为：①商品母鸡 105 日龄出栏，体重 1.4kg，体重均匀度达 70%以上；②早熟，上市时 5%产蛋，其他个体接近产蛋；③羽毛淡黄色，群体和个体的毛色一致，无花毛个体，部分具有“二节毛”的外观特点，毛片短密，羽毛紧凑光亮，上市能收毛；④体型较团圆，商品肉鸡胫长不超过 7.0cm，尾短能收，无“扫把尾”个体；⑤脚细，胫围不超过 3.4cm，⑥着肉性能良好，胸肌率大于 15.5%，腿肌率大于 27%；⑦父母代种鸡具有较好的繁殖性能，66 周龄每只入舍母鸡提供合格种蛋数 155 个以上，提供健雏数 135 只以上；⑧对白血病和白痢进行净化，白血病阳性率控制在 5%以下，白痢阳性率控制在 1%以下。

3 配套系的组成及特征特性

3.1 配套系组成

天露黄鸡由三系配套组成，父本父系为 N409、母本父系为 N415、母本母系为 N414，其配套组成结构见图 1。

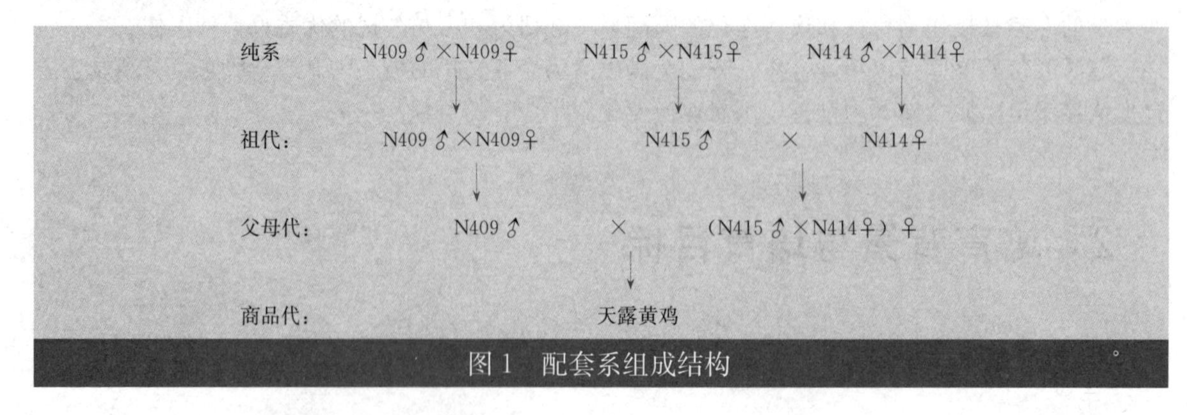

图 1 配套系组成结构

3.2 配套系外貌特征及特性

3.2.1 各品系外貌特征及特性

3.2.1.1 **N409 品系** 具有“三黄鸡”的典型外观，喙黄、皮黄、脚黄。单冠直立，冠大鲜红，早熟性好。毛色为米黄偏白，部分鸡只颈部毛色较深，呈“二节毛”外观，羽毛紧凑，尾短能收，收毛早，脚较细矮，体型较团圆。

3.2.1.2 **N415 品系** 具有“三黄鸡”的典型外观，喙黄、皮黄、脚黄。单冠直立，冠大鲜红，早熟性好。毛色为米黄色，部分鸡只颈部毛色较深，呈“二节毛”外观，羽毛紧凑，尾短能收，收毛早，脚较细矮，体型团圆。

3.2.1.3 **N414 品系** 具有“三黄鸡”的典型外观，喙黄、皮黄、脚黄。单冠直立，冠大鲜红，早熟性好。毛色为金黄色，部分鸡只颈部毛色较深，呈“二节毛”外观，羽毛紧凑，尾短能收，收毛早，脚较细矮，体型较团圆。

3.2.2 父母代种鸡外貌特征

天露黄鸡配套系父母代公鸡为快羽型，成年公鸡体型健硕，喙黄、皮黄、胫黄，单冠直立，冠大鲜红，颈部毛色金黄，其他部位毛色为浅黄色；父母代母鸡为快羽型，成年母鸡体型匀称、团圆，头部清秀，全身羽毛米黄色、紧凑贴身，单冠直立，冠、肉垂、耳叶鲜红色，喙、胫、皮肤为黄色。

3.2.3 商品代外貌特征

商品代公鸡：具“三黄特征”。喙黄、皮黄、脚黄。单冠直立，冠大鲜红，早熟性好。毛色为淡黄色，羽毛紧凑，尾较短，脚较细矮，体型较团圆。

商品代母鸡：具有“三黄鸡”的典型外观。喙黄、皮黄、脚黄。单冠直立，冠大鲜红，早熟性好。毛色为淡黄色稍偏白，部分鸡只颈部毛色较深，呈“二节毛”外观，羽毛较紧凑，尾短能收，脚较细矮，体型较团圆。

3.3 配套系生产性能

3.3.1 各品系生产性能

3.3.1.1 **N409 品系** 经过 7 个世代的选育，品系的外观性状和均匀度得到了较大的提高，品系母鸡在 105 日龄出栏时能达到开产的水平，羽毛偏白一致、能收毛、体型较团圆、短尾能收、羽毛紧凑。公、母鸡各世代的体重基本保持不变，均匀度得到较大的提高，公鸡 13 周龄体重（1 531±119）g，胫长（88.40±2.88）mm，胫围（42.69±1.13）mm，母鸡 11 周龄体重（1 071±82）g，胫长（74.64±1.74）mm，胫围（37.85±0.86）mm，选育效果达到预期。对垂直传播的鸡白痢、白血病进行净化工作，经过连续 7 个世代的检测、净化，公母鸡白痢、白血病的阳性率显著下降，公母鸡的白痢阳性率分别为 1.2%、2.2%，白血病阳性率分别为 1.9%、1.9%。

3.3.1.2 **N415 品系** 经过 11 个世代的选育，品系的外观性状和均匀度得到了较大的提高，品系母鸡 105 日龄出栏时，达到开产的水平，羽毛淡黄一致、体型团圆、短尾能收、羽毛较紧凑。公、母鸡的体重基本保持不变，但均匀度得到较大的提高，公鸡 13 周体重（1 566±108）g，胫长（88.50±2.19）mm，胫围（42.74±0.88）mm，母鸡 11 周龄体重（1 093±71.17）g，胫长（73.66±1.63）mm，胫围（36.97±0.66）mm。品系的产蛋性能得到了较大幅度的提高，300 日龄产蛋数（89.3±7.21）个，66 周龄产蛋数（170.5±14.66）个，选择达到了预期的效果。对垂直传播的白血病、白痢进行净化，经过连续 11 个世代的净化，公、母鸡白痢、白血病的阳性率显著下降，公、母鸡白痢阳性率分别为 1.1%、0.7%，公、母鸡白血病阳性率分别为 0.5%、0.4%。

3.3.1.3 **N414 品系** 经过 10 个世代的选育，品系的外观性状和均匀度得到了较大的提高，品系母鸡 105 日龄出栏时，早熟性能达到开产的水平，羽毛金黄一致，体型较团圆，短尾能收，羽毛较紧凑。各世代公母鸡的体重基本保持不变，但均匀度得到较大的提高。公鸡 13 周龄体重（1 513±103）g，胫长（87.00±2.33）mm，胫围（42.02±0.94）mm，母鸡 11 周龄体重（1 053±67）g，胫长（72.06±1.71）mm，胫围（36.83±0.76）mm。品系的产蛋性能得到了较大幅度提高，300 日龄产蛋数（95.7±7.56）个，66 周龄产蛋数（179.8±15.57）个，选择达到了预期的效果。对垂直传播的白血病、白痢进行净化，经过连续 10 个世代的净化，公、母鸡白痢、白血病的阳性率显著下降，公、母鸡白痢阳性率分别为 1.8%、3.1%，公、母鸡白血病阳性率分别为 1.9%、1.6%。

3.3.2 父母代种鸡生产性能

天露黄鸡配套系父母代种鸡性能优秀，27 周达产蛋高峰，高峰产蛋率达到 83%，66 周龄入舍母鸡每只产蛋量 165～174 个，全期种蛋合格率 93.6%～94.5%，全期种蛋受精率 94.0%～95.2%，全期受精蛋孵化率 92.1%～93.0%，66 周龄入舍母鸡每只产合格种苗 133～141 只。

3.3.3 商品代生产性能

天露黄鸡配套系商品代公鸡 84 日龄上市，冠大鲜红，羽毛紧凑，毛色浅黄色，体重1 450～1 550g，饲料转化比（2.9～3.0）：1，成活率 95%以上，胫长 8.7～9.1cm，胫围 4.2～4.4cm，屠宰率 89.9%～90.8%，全净膛率 67.1%～67.9%，胸肌率 14.5%～15.5%，腿肌率 28.1%～28.8%。母鸡 105 日龄上市，体型团圆，胸腿肌较发达，毛色米黄色，体重 1 400～1 500g，平均饲料转化比（3.5～3.6）：1，成活率 95%以上，胫长 6.8～7.1cm，胫围 3.3～3.5cm，屠宰率 91.1%～91.7%，全净膛率 64.1%～64.9%，胸肌率 15.5%～16.1%，腿肌率 26.9%～27.5%。

4 选育技术路线及主要选育性状

4.1 选育技术路线

配套系培育的技术路线见图 2：

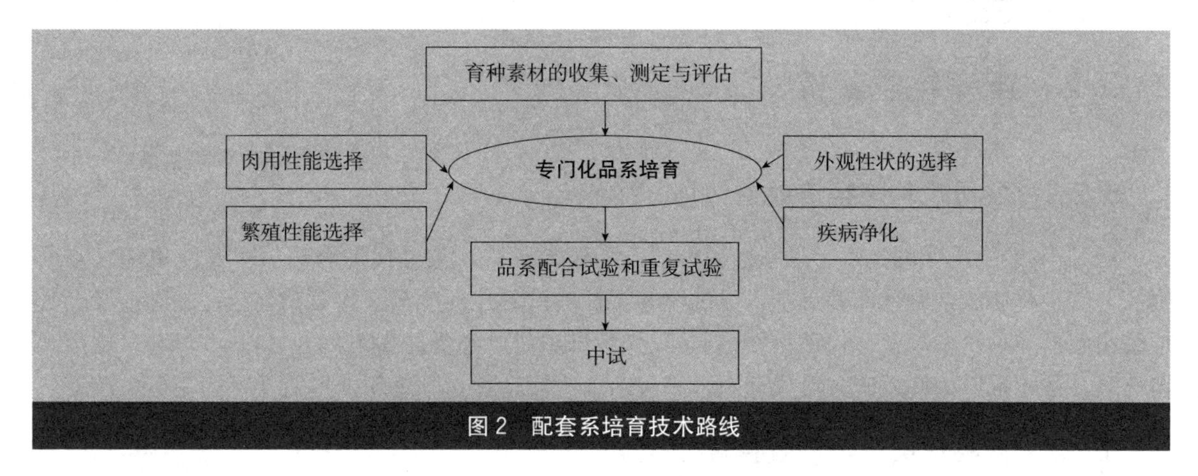

图2 配套系培育技术路线

品系的选育采用专门化品系培育方法，分父本品系和母本品系选育，各系选择改良的重点性状有所不同，父本品系主要选择外观特征和肉用性能，而母本品系在选择外观特征和肉用性能的同时，重点提高繁殖性能。纯系选育采用闭锁群家系选育法，育种基础群一旦确定，就不再引进外血，家系繁育，系谱孵化，个体的亲缘关系明确。对外观性状采用独立淘汰法选种，淘汰任何某一性状达不到育种要求的个体。对单性状，根据性状遗传力，采用个体、家系或个体结合家系的选种方法。对繁殖性能的选择采用300日龄产蛋数早期选种方法，以缩短世代间隔，后测定至66周龄产蛋性能为下世代选留提供依据。父本品系一般在产蛋高峰繁殖下一世代，世代间隔为32周左右，两年三个世代。母本品系一般在45周龄繁殖下一世代，世代间隔为52周左右，一年一个世代。

品系选育基本程序为：出雏时的选择和戴翅号→体型外貌初选→体型外貌复选→指标测定→中选鸡只的挑选→上笼前的复选→母本品系个体产蛋测定→家系组建→纯繁下世代。

4.2 主要选育性状

品系选育的性状有：①体重及均匀度；②胸腿肌发育；③体型、胫围、胫长等；④外观：冠发育、羽毛的颜色和紧凑度及收毛，尾羽发育、脚色等；⑤繁殖性能：开产日龄、个体产蛋数。

品系测定的指标有：体重、胫长、胫围、个体开产日龄、个体产蛋数。

5 中试应用情况与经济效益分析

5.1 中试应用情况

广东温氏食品集团股份有限公司从2012年1月至2013年3月在广东省中试天露黄鸡配套系，累计中试父母代种鸡25.7万套，饲养商品肉鸡876万只，企业和合作养户共获利超过4 000万元，取得了良好的经济效益和社会效益。中试应用情况表明，该配套系主要经济性状遗传稳定，繁殖性能高，抗逆性强，肉鸡外观特征好，具有良好的推广价值。

5.2 经济效益分析

5.2.1 父母代种鸡经济效益评估

经过 10 余个世代的选育，母系繁殖性能有了较大进展，父母代种鸡的生产性能也随之不断提高，特别是使用杂交系作为母本，显著改善了种鸡的孵化性能。天露黄鸡与以往配套或社会其他公司同类品种比较，父母代种鸡 66 周龄只入舍母鸡产可孵蛋提高 10 个，只开产母鸡可增产鸡苗 8 只，按年推广 100 万套父母代种鸡，只母苗 2.5 元计算，种鸡年新增效益可达 1 000 万元。

5.2.2 商品代肉鸡经济效益评估

据测定，天露黄鸡商品代母鸡饲养到 104 日龄时上市体重为 1 430g，饲料转化率为 3.54：1。天露黄鸡体重定位合理、外观优良，卖相良好，与公司以往品种相比较，母鸡每千克售价提高 0.4 元，温氏股份每年上市母鸡以 5 000 万只计算，年新增效益 2 860 万元。

5.2.3 社会效益评估

天露黄鸡的父母代种鸡性能良好，肉鸡具有生长速度定位合理、饲料转化率高、抗病力强、饲养成本低等优势，深受养殖户的欢迎，同时，天露黄鸡肉质结实、风味浓郁，腹脂沉积较少，深受广大消费者欢迎。

天露黄鸡作为一个竞争力强的新品种，下一步除了温氏内部使用外，还计划向社会推广，必将会提高社会养户的饲养效益，为消费者提供一种性价比高的优质鸡产品。

6 育种成果的先进性及作用意义

6.1 分子标记技术在品种培育中的应用

在天露黄鸡的培育过程中，分子标记技术被应用到剔除 N409、N415、N414 这三个品系的隐性白羽基因中，共检测个体 5 000 只份，目前配套系没有白苗出现，效果良好。

6.2 个体产蛋量记录系统的改进

在天露黄鸡个体产蛋记录时，从 2003 年开始研发和应用产蛋数据条形码扫描技术的自动记录系统，该技术的应用保证了数据的准确性，提高了工作效率。最近，我们又将原有的条形码技术升级到 RFID 卡扫描技术，产蛋记录系统更加便捷、准确。

6.3 个体饲料报酬测定与选择

在天露黄鸡的培育过程中，对父本父系 N409 品系测定了两个世代的个体饲料报酬，测定数量为每世代 500 个体，并进行选择，降低了配套系的料重比。

6.4 对天露黄鸡部分性状的选育方法进行了研究和应用

对天露黄鸡的胫围、羽毛成熟度（干毛）、饲料报酬、睾丸重、尾羽发育的选种方法，体型和脂肪沉积的关系进行了研究，公开发表了《温氏天露黄鸡主翼羽长度双向选择的效果与分析》《天露黄鸡尾羽长度遗传力估计》《关于优质鸡胫大小测定方法的探讨》《广西三黄鸡胫生长发育规律探讨》《土鸡饲料转化率测定研究》《土鸡羽毛成熟度的选育效果分析》《优质鸡饲料报酬性状遗传参数估计》《优质鸡睾丸重的遗传参数估计》《NPY 基因 *SNPs* 与优质鸡睾丸性状的关联分析》《优质鸡腹脂重与体尺性状遗传参数估计》等系列论文，为下一步建立降低优质鸡腹脂率和提高饲料效率的选种方案积累了基础。

7 推广应用的范围、条件和前景

目前优质类土鸡的品种类型繁多，但天露黄鸡类型，即“广西三黄鸡”品种类型，始终是广东和广西地区的主流品种，特别是珠江三角洲地区，牢牢占据土鸡市场 60%～70%的市场份额，估计每年有 2 亿只的销售量，这是两广地区的消费习惯所致。

天露黄鸡配套系预计在温氏股份内部年推广父母代将达到 100 万套，饲养商品肉鸡 5 000 万只，饲养的区域包括广东、广西、湖南、福建、浙江、湖北地区。

光大梅黄 1 号配套系

证书编号：农 09 新品种证字第 57 号
培育单位：浙江光大种禽业有限公司

光大梅黄 1 号配套系 B 系公鸡

光大梅黄 1 号配套系 B 系母鸡

光大梅黄 1 号配套系 18 系公鸡

光大梅黄 1 号配套系 18 系母鸡

光大梅黄 1 号配套系父母代公鸡

光大梅黄 1 号配套系父母代母鸡

光大梅黄 1 号配套系商品代

光大梅黄 1 号配套系商品代

1 培育单位概况

浙江光大种禽业有限公司是由杭州光大生物技术研究所和省畜牧推广中心等单位注资组建的高新技术农牧企业，专业从事优质鸡保种、育种研究和产业化开发，是浙江省农业龙头企业，是国家级地方鸡种基因库，国家肉鸡产业技术体系综合试验站，浙江省畜禽种苗工程——优质鸡原种基地。

公司前身是浙江杭州近江种鸡场，是我国首家引进法国伊莎祖代的蛋鸡场，20 世纪 80—90 年代初，曾为我国蛋鸡产业做出过重要的贡献。90 年代初，黄羽肉鸡产业兴起，为适应市场变化，公司进行了企业转型升级，从 1997 年开始，公司着手地方鸡品种的收集、品种保存和优质鸡育种。公司基地位于浙江省海宁农业对外综合开发区，占地面积 $22hm^2$，建有国家级地方鸡种（浙江）基因库，育种、研发中心，孵化中心及农产品配送中心；配备有遗传种质测定实验室、疫病监测实验室和肉质检测实验室等。现收集保存品种（系）30 多个，基因库年存栏原种鸡 2 万余只，育种测定群种鸡 1.5 万余只，父母代种鸡 15 万～25 万套。年产“光大梅岭”牌父母代 60 多万套，年产商品苗鸡 1 500 多万只，带动养殖户 1 000 多户，促进农民增收 1 亿多元。

公司重视科技进步与人才建设，旨在建设精干、高效的技术团队，提升企业的竞争力。公司现有中高级专业技术人员 19 人，其中高级职称 8 人，中级职称 4 人，其余 7 人。定期邀请国内外专家学者来基地指导交流，派遣技术人员进修、培训，参与学术会议。与杭州市农业科学研究院、浙江大学建立了长期战略合作关系，建立了一支高素质的科技人才队伍，掌握了国内外先进的遗传育种和生产技术，具有较高的畜牧生产管理水平。经过十几年开发、研究，培育、贮备优质品系 13 个，以“光大梅岭”为品牌的配套组合 12 个。

“光大梅岭”牌父母代种鸡和商品代肉鸡肉品质佳、抗逆性强、生产性能优异、遗传稳定，深受长三角区域的生产者和消费者好评。多年来，企业主持、参加多项省、市级的科研项目，获得省科技进步奖二等奖 1 项，三等奖 1 项，省农业丰收一等奖 1 项。

2 培育背景与培育目标

2.1 培育背景

近二十年来，我国优质鸡产业发展势头强劲，据中国家禽业协会公布的数据显示，2011 年我国祖代优质肉鸡的平均存栏量为 138.2 万套，年出栏优质肉鸡 43.3 亿只，与白羽肉鸡基本持平，优质肉鸡快速、中速、慢速三种类型祖代种鸡的存栏量分别约占存栏总数的 33%、26%和 41%。由此可见，随着生活水平不断提高，人们在对鸡肉的数量满足后，对鸡肉的品质（慢速型）需求也在不断提升，鸡肉风味、口感、营养结构、食品安全等方面，都有了更高的需求。在可预见的将来，优质鸡的消费市场份额会继续增长，而且会更加注重肉品质与肉质安全，在长三角、珠三角经济发达区域尤为明显。

本着做精、做强、高效企业的理念，适应市场需求，十年多来，公司致力于优质鸡肉品质、成本控制、经济效益的开发研究，利用国家级基因库丰富的品种资源，成功培育了多个配套系，“光大梅黄1号”配套系就是其中之一。

浙江及长三角地区，肉鸡消费以优质型为主，年消费量达十多亿只。该地区市场需求有其独特性，浙北、浙中及上海以消费母鸡和阉鸡为主，而浙中、浙南地区却以消费公鸡为主，要满足这一需求，既要优异的肉质，又要适宜的体重；既要适宜舍饲，又要适宜放养。光大梅黄1号配套系培育正是针对这一市场特点进行的。

2.2 培育目标

2.2.1 父母代种鸡

公鸡背羽呈深红色，正常脚；母鸡以黄羽为主，少量颈羽带麻、矮脚。66周入舍母鸡产蛋量在170枚左右，种蛋受精率在90%以上。

2.2.2 商品代肉鸡性能

黄羽，性早熟，具有肉质好、生产速度较快、抗病力强、适宜舍饲与放养的特点。公鸡70～80日龄上市，体重1 700～1 900g；母鸡80～90日龄上市，体重1 400～1 600g，饲料转化比为（3.0～3.3）：1。

3 配套系的组成及特征特性

3.1 配套系组成

“光大梅黄1号”配套系属两系配套系，以B系为父本，18系为母本，生产优质型商品代肉鸡，配套模式见图1。

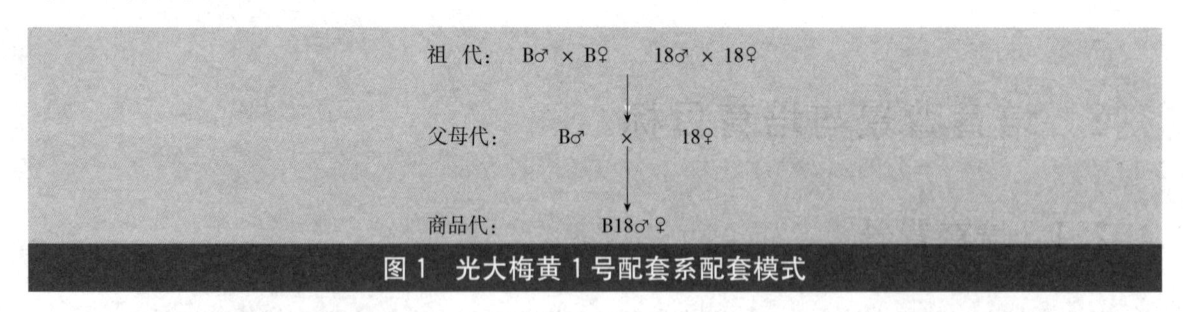

图1 光大梅黄1号配套系配套模式

3.2 配套系外貌特征及特性

3.2.1 各品系外貌特征及特性

3.2.1.1 B系 公鸡：正常脚，体形呈楔形，头小，胸背宽阔，冠和肉垂大、色鲜红，冠齿6～8个。颈羽金黄色，背羽、鞍羽、腹羽均为红黄色或深黄色，尾羽黑、有墨绿色光泽。母鸡：正常脚，体形呈楔形，头小，冠、肉垂发达、色鲜红，冠齿6～8个，胸宽阔，颈羽、背羽、主翼羽、鞍羽、腹羽均为黄色或深黄色，胫细，色黄。

3.2.1.2 **18系** 公鸡：矮脚，体形呈方形，头小、颈短，冠直立、色艳红，冠齿5～9个，肉垂发达；颈羽金黄色，翼、背、鞍、腹羽为红黄色，尾羽黑、有墨绿色光泽，胫黄色。母鸡：矮脚，体形方，形如“元宝”，头小、颈短、胸宽，单冠直立、艳红，冠齿5～9个，肉垂发达，颈羽黄，少有黑麻、背腹黄色羽、主翼羽黑，胫黄色。

3.2.2 父母代外貌特征及特性

父母代公鸡：正常脚，体形呈楔形，头小，胸背宽阔，冠和肉垂大、色鲜红，冠齿6～8个。颈羽金黄色，背羽、鞍羽、腹羽均为红黄色或深黄色，尾羽黑，有墨绿色光泽。

父母代母鸡：矮脚，体形方，形如“元宝”，头小、颈短、胸宽，单冠直立、色艳红，冠齿5～9个，肉垂发达，颈羽黄，少有黑麻、背腹黄色羽、主翼羽黑，胫黄色。

3.2.3 商品代外貌特征及特性

公鸡：体形呈楔形，结构紧凑，背腰平直，头小、喙短黄，颈短，单冠直立、色艳红，冠齿5～8个，颈羽金黄色，背羽、鞍羽、腹羽为黄色，主翼羽、镰羽黑，大镰羽上翘，胫细、黄，正常脚。

母鸡：体形呈楔形，结构紧凑，头小、喙黄，颈短、胸略宽、背腰平直，冠、肉垂色艳红，冠高，冠齿5～8个，颈、腹、背羽黄，主翼羽、尾羽黑，大镰羽上翘，胫细、黄，正常脚。

3.3 配套系生产性能

3.3.1 各品系生产性能

3.3.1.1 **B系**

（1）生长性能　8周龄公鸡、母鸡体重为735.8g、593g，18周龄公鸡、母鸡体重为1 574.15g、1 078.41g，开产体重1 296.50g，43周龄公鸡、母鸡体重为1 506.50g、2 133.40g，66周龄公鸡、母鸡体重为2 319.60g、1 636.62g。

（2）繁殖性能　43周产蛋量94.3个，66周产蛋量165.22个，43周蛋重45.7g，受精率92.8%，受精蛋孵化率91.1%。

（3）屠宰性能　公鸡活重1 566.26g，屠宰率87.91%，半净膛率81.22%，全净膛率68.53%，胸肌率16.43%，腿肌率25.11%；母鸡活重1 066.85g，屠宰率87.36%，半净膛率80.76%，全净膛率67.70%，胸肌率17.81%，腿肌率22.25%。

3.3.1.2 **18系**

（1）生长性能　8周龄公鸡、母鸡体重为781.7g、648.3g，18周龄公鸡、母鸡体重为1 512.68g、1 131.18g，开产体重1 456.52g，43周龄公鸡、母鸡体重为2 113.43g、1 616.89g，66周龄公鸡、母鸡体重为2 319.60g、1 636.62g。

（2）繁殖性能　43周产蛋量95.3个，66周产蛋量171.9个，43周蛋重55.8g，受精率92.6%，受精蛋孵化率91.3%。

（3）屠宰性能　公鸡活重1 496.22g，屠宰率87.53%，半净膛率79.63%，全净膛率65.8%，胸肌率14.51%，腿肌率23.67%；母鸡活重1 124.11g，屠宰率87.86%，半净膛率80.14%，全净膛率66.3%，胸肌率16.16%，腿肌率21.28%。

3.3.2 父母代生产性能

开产日龄 147～154d，66 周入舍母鸡产蛋 166 个，种蛋合格率 92%以上，入孵蛋孵化率达 88%以上，受精率为 93%～96%。

3.3.3 商品代生产性能

公鸡 13 周龄体重 1 912.8g，饲料转化比为 2.81∶1，成活率 97%；母鸡 13 周龄体重为 1 667.8g，饲料转化比为 3.27∶1，成活率为 98%。

4 选育技术路线及主要选育性状

4.1 选育技术路线

光大梅黄 1 号配套系选育技术路线见图 2。

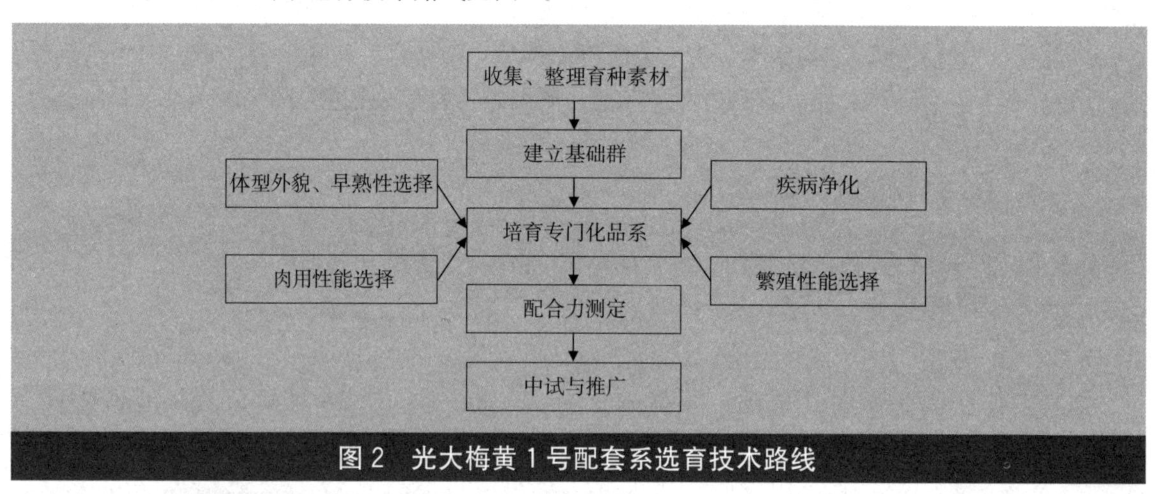

图 2 光大梅黄 1 号配套系选育技术路线

4.2 主要选育性状

4.2.1 B 系选育性状及指标

以体型、外貌、产肉性能、繁殖性能为主选性状。测定主要指标如下。

4.2.1.1 **肉用性能** 8 周龄体重、18 周龄体重、43 周龄体重、66 周龄体重、胸肌率、腿肌率。

4.2.1.2 **繁殖性能** 起冠日龄、开产日龄、开产体重、产蛋数、蛋重、受精率、受精蛋孵化率和入孵蛋孵化率等。

4.2.1.3 **体型外貌** 羽色、胫色、胫长、胫围、龙骨长、体斜长。

4.2.1.4 **存活率** 0～18 周龄、19～43 周龄、43～66 周龄死淘率。

4.2.2 18 系选育性状及指标

以繁殖性能为首选性状，早期生长速度、胸腿肌作为次选性状。测定主要指标如下。

4.2.2.1 **繁殖性能** 开产日龄、开产体重、300日龄和66周龄产蛋数、平均蛋重、种蛋受精率、受精蛋孵化率和入孵蛋孵化率等。

4.2.2.2 **肉用性能** 8周龄体重、18周龄体重、43周龄体重、66周龄体重、胸肌率、腿肌率。

4.2.2.3 **体型外貌** 羽色、胫色、胫长、胫围、体斜长。

4.2.2.4 **存活率** 0～18周龄、19～43周龄、43～66周龄死淘率。

5 中试应用情况与经济效益分析

5.1 中试应用情况

为规模化推广应用提供技术支撑，对光大梅黄1号配套系在常规饲养条件下的各项生产性能及适应性进行验证，从2004年起公司先后在杭州、嘉兴、湖州、金华、丽水等地进行大规模中试。近几年中试推广光大梅黄1号父母代67.3万套，商品代肉鸡7 012.7万羽，各地中试情况见表1。

表1 省内各地中试情况

中试地区	父母代（万套）	商品代（万羽）
杭州	17.3	1 402.3
嘉兴	19.8	1 596.6
湖州	18.2	1 457.8
金华	12	965.5
绍兴	—	688.5
丽水	—	530.2
舟山	—	371.8
合计	67.3	7 012.7

中试结果表明，光大梅黄1号配套系父母代体型外貌一致、繁殖性能好、遗传性能稳定、抗病力强；商品代肉品质优、成活率高、饲料转化比高、均匀度好，深受广大养殖户和消费者的欢迎。光大梅黄1号配套系商品代肉鸡在省农博会、嘉兴、湖州、杭州历届“优质名鸡”评选活动中，多次获奖。

5.2 经济效益分析

光大梅黄1号配套系，近几年已累计销售父母代67.3万套，商品代鸡苗7 012.7万羽，企业和养殖户增收2.5亿多元，取得了良好的经济效益。

6　育种成果的先进性及作用意义

6.1　创造性、先进性

（1）利用 dw 基因，导入肉质优异的地方品种，合成、选育了遗传稳定的矮脚纯系，在保持地方鸡肉品质和抗病力等特性的同时，提高父母代繁殖力，显著降低料耗、降低了制种成本。

（2）商品代肉鸡生长速度快，肉品质优，较好地平衡了生长速度与肉品质之间的矛盾。

（3）商品代鸡既可舍饲，也可以在山坡、林地、农闲田放养，两种饲养方式都可以获得较高的经济效益，产品符合中、高端市场消费需求。

6.2　作用意义

光大梅黄 1 号配套系，经过 10 年来的推广，带动了一大批养殖户，为他们带来良好经济效益的同时，也在浙江贫困山区农村脱贫致富、农民增收中发挥了重要作用。配套系的推广也促进了地方鸡品种的保存、研究、开发和利用，带动浙江省畜牧产业升级，实现畜牧产业的可持续发展。

7　推广应用的范围、条件和前景

光大梅黄 1 号配套系商品鸡外貌、体型符合市场要求，具有“白切性”佳、肉质优、抗病力强、饲料转化率高等优点，深受养殖户与消费者欢迎。目前，产品主要面向长三角地区中、高端消费人群，呈供不应求状态。

云　岭　牛

证书编号： 农 02 新品种证字第 7 号
培育单位： 云南省草地动物科学研究院

黑毛云岭牛

黄毛云岭牛

灰毛云岭牛

1　培育单位概况

云南省草地动物科学研究院（原“云南省肉牛和牧草研究中心”，前身为“中澳技术合作——云南牲畜和草场发展项目”），始建于1983年，是云南省主要从事“肉牛”和“牧草”研究的科研事业单位。现有职工58人，其中研究员10人，副研究员11人，助理研究员8人，研究实习员9人，其他20人，其中，博士3人，硕士14人。拥有667 hm^2人工草场、1万m^2标准化牛舍，且配套设施完善的科研生产示范牧场，饲养婆罗门牛和云岭牛良种牛1 100多头；建有云岭牛扩繁及示范基地5个（昆明小哨、曲靖马龙、普洱曼中田、楚雄大姚、德宏芒市），饲养云岭牛1万余头；建有30 hm^2牧草资源圃、200 m^2科研温室和25 m^3的牧草种质资源低温保存库，收集并保存国内外牧草种质资源1 080份；拥有设施完善、仪器设备先进的功能实验室5个（肉牛遗传育种实验室、肉牛胚胎工程实验室、肉质分析实验室、营养与饲料实验室、牧草资源与育种实验室）；拥有实验饲料厂和糖蜜型舔砖（舔块）加工厂各1座。

云南省草地动物科学研究院是云南省草地畜牧业创新团队，云南省肉牛产业技术创新战略联盟理事长单位，国家现代农业产业技术体系粗饲料加工与利用岗位专家、昆明肉牛综合试验站和德宏牧草试验站，以及云南省现代农业奶牛产业技术体系建设依托单位。在云岭牛30年的培育过程中，引进高端人才中国工程院南志标院士和国家肉牛牦牛产业技术体系首席科学家曹兵海教授，多次邀请国际知名繁殖专家日本山口大学的铃木达行博士，巴西奥斐纳斯大学兽医学院卡洛斯昂多尼奥博士，兰州大学南志标院士，中国农业大学曹兵海和王雅春教授，中国农业科学院北京畜牧兽医研究所许尚忠、李俊雅和孙宝忠研究员，西北农林科技大学昝林森教授，扬州大学杨章平教授，南京农业大学王根林教授等进行技术指导。

云岭牛培育过程中，积累了丰富的研究经验、获得了较多的研究成果，先后与澳大利亚、美国、南非、日本、巴西、泰国及东南亚国家开展国际合作项目10余项，先后完成国家、省部级科研项目30余项，发表论文1 000余篇，出版专著9部；培养硕士研究生36人。先后获国家级奖2项，云南省科技进步奖二等奖11项、三等奖15项，申报专利38件，制定云南省地方标准12个，登记国家牧草品种11个。

2　培育背景与培育目标

2.1　培育背景

传统上，我国的黄牛以役用为主，农户分散饲养，管理比较粗放，其外貌特点是：皮厚骨粗，肌肉结实，富有线条，皮下脂肪不发达。体型多呈前躯发达、后躯尖斜的倒三角形，生长周期长，出肉率低，肉用性能较差。役用牛曾为农村生产力的发展做出过突出贡献。随着社会发展，农业现代化程度的提高，对黄牛的役用性能需求逐渐下降，肉食供给要求不断提高。我国热带亚热带地区饲草资源十分丰富，发展肉牛产业具有显著的优势，但长期以来没有得到足够的重视，肉牛养殖不仅生产方式落后，而且最重要的是没有适合中国南方热带亚热带气候的优良肉牛品种和标准化生产技术。为从根本上解决云南乃至中国南方肉牛业发展的瓶颈，在总结前期研究工作的基础上，提出利用云南黄牛、莫累灰牛和婆罗门牛 3 个品种资源，通过杂交创新、开放式育种、横交选育和自群繁育，改变云南黄牛体型较小、生长速度慢、个体产品率低，莫累灰牛抗蜱能力差、不耐热、不耐粗饲，婆罗门牛产肉性能低、肉质差等缺陷。同时保留云南黄牛适应性强、耐粗饲、肉风味好，莫累灰牛生长快、繁殖性能高、肉质好，婆罗门牛耐热、抗蜱、易饲养管理等优良特性。经过严格的选种选育，以期最终培育出一个适合云南乃至我国南方气候条件下饲养的优良肉牛新品种。

20 世纪 80 年代初，云南省借助于澳大利亚外交部国际发展援助局以资金和技术的方式向中国提供农业援助项目，云南黄牛的改良得以实施，肉牛养殖开始兴起。1983 年在小哨正式开展“中澳合作——云南牲畜和草场发展项目”，并由云南省人民政府批准成立云南省肉牛和牧草研究中心（现为云南省草地动物科学研究院），承担中澳合作项目的具体工作。项目初期从 18 个国家和地区引进 703 个牧草品种（涉及 53 个属、94 个种），建立了土壤农化实验室，开展牧草试验研究，筛选出了适合云南省不同气候带的牧草栽培品种 48 个，放牧草场混播牧草品种 6 个组合，在小哨建成 667 hm^2 全放牧示范牧场。

云岭牛核心育种场位于昆明市东郊小哨，北纬 25°22′、东经 103°02′，海拔 1 980 m，年平均气温 13.7℃，年平均降水量 959.8 mm（92%集中在 5—10 月），年均无霜期 224 d，属北亚热带和南温带的过度气候。雨量适中，冬春干旱，夏季湿润。土壤为山地红壤，表土层 pH 5.5，有机质 2.38%。1983—1984 年建成海法白三叶（*Trifolium repens* cv. Haifa）+威提特东非狼尾草（*Pennisetum clsndestium* cv. Whittet）+纳罗克非洲狗尾草（*Setaria sphacelata* cv. Narok）的人工混播草场。正常年景草场产草量达 6 000～7 000kg/hm^2，牧草粗蛋白含量可达 15.7%，可满足放牧肉牛的营养需要。

1983 年从云南省文山州、昭通地区引进云南黄牛母牛 99 头（昭通黄牛 50 头、文山黄牛 49 头），1984 年澳大利亚政府无偿援助莫累灰牛 87 头（公牛 9 头，含 9 个家系），项目组用引进的莫累灰牛和云南黄牛进行杂交，产生莫云杂（MY）群体。因莫累灰牛属温带牛品种，对牛蜱抵抗能力较差，易感染牛蜱及蜱传性血液原虫病，死亡率较高。为提高牛群的抗蜱性能，1987 年项目的中澳双方专家萌生了引入瘤牛品种的想法，以期培育一个热带、亚热带肉牛新品种，提升所饲养肉牛的抗蜱性能，降低牛群的死亡率。通过中澳双方专家论证，该想法得以立项并付诸实施。1988 年从广西畜牧所引入瘤牛品种——婆罗门牛冻精，开展三元杂交试验，结果三元杂（云岭牛）的抗蜱能力显著提高，蜱传性血液原虫病的发病率显著降低。为加快云岭牛扩繁，同时产生更多的家系，1993 年初从澳大利亚引进婆罗门牛种牛 24 头（公牛 8 头，含 8 个家系），1998 年 2 月又从澳大利亚引进婆罗门牛 99 头（公牛 17 头，含 12 个家系），开展杂交选留和组群。“十五”期间，云南省科技攻关计划正式立项实施“云南热带亚热带肉牛新品种选育研究”。

2.2 培育目标

利用云南黄牛、莫累灰牛和婆罗门牛 3 个品种资源，通过杂交创新、开放式育种、横交选育和自群繁育，改变云南黄牛体型较小、生长速度慢、个体产品率低，莫累灰牛抗蜱能力差、不耐热、不耐粗饲，婆罗门牛产肉性能低、肉质差等缺陷。同时保留云南黄牛适应性强、耐粗饲、肉风味好，莫累灰牛生长快、繁殖性能高、肉质好，婆罗门牛耐热、抗蜱、易饲养管理等优良特性。经过严格的选种选育，最终培育出一个适合云南乃至我国南方气候饲养的优良肉牛新品种。

3 主要特性特征及性能指标

3.1 体型外貌

云岭牛体型中等，被毛以黄红、黑为主；各部结合良好，细致紧凑。头稍小，多数无角，耳稍大，眼明有神；颈细长；公牛胸部、腹部垂皮较为发达，肩峰明显，背腰长，胸宽深；公牛脐垂尤为发达；母牛胸垂较云南黄牛发达，乳房匀称、乳静脉明显，乳头大小适中，被毛细致。四肢较长，蹄质坚实，尾细长。

3.2 品种特性

3.2.1 云岭牛适应性

云岭牛是国内肉牛品种中对自然生态环境适应性最强的肉牛品种之一，能够适应热带亚热带的气候环境，且在高温高湿条件下表现出较好的繁殖能力和生长速度。有较强的耐粗饲能力，适宜于全放牧、放牧加补饲、全舍饲等饲养方式，对体内外寄生虫等有较强的抵抗力。对云岭牛、安格斯牛、西门塔尔牛、短角牛和婆罗门牛的血液组胺浓度与牛蜱感染量、TLR（Toll 样受体）基因多态与血液组胺浓度的关系、TLR 基因多态性与牛抗蜱能力的关系进行研究，表明云岭牛有极强的耐热抗蜱能力，与婆罗门牛相当。

3.2.2 云岭牛生理常数值

体温：37.5～39.5℃；脉搏：70～110 次/min；呼吸：16～39 次/min。

反刍：6～8 次/昼夜，40～50 min/次，一个食团咀嚼的次数为 40～70 次；瘤胃蠕动 2～5 次/min。

初情期：8～10 月龄；性成熟期：9～14 月龄；体成熟期：2～3 岁。发情持续期：1～2 d；发情周期：18～24 d，平均 21 d；妊娠期：275～283 d，平均 280 d；产犊数：通常 1 头，双胎率为 3‰。

泌乳期：245～305 d。

公牛交配次数：3～4 次/d，公牛射精量 5～10 mL/次。

日采食干物质量：占体重 2.2%左右。

3.2.3 云岭牛成年牛血液生理生化指标

在舍饲和放牧条件下，云岭牛成年牛的血液生化指标值见表 1。

表 1 不同饲养条件下云岭牛成年牛血液生化指标比较

指 标	舍饲云岭牛			放牧云岭牛		
	Mean±Std.	变异系数（%）	变化范围	Mean±Std.	变异系数（%）	变化范围
GHB（%）	3.06±0.12	3.92	2.89～3.31	2.94±0.15	5.10	2.71～3.07
STB（μmol/L）	3.36±0.82	24.40	2.20～4.90	2.93±1.26	43.00	1.60～5.20

（续）

指 标	舍饲云岭牛			放牧云岭牛		
	Mean±Std.	变异系数（%）	变化范围	Mean±Std.	变异系数（%）	变化范围
TBA（μmol/L）	1.70±0.43	25.29	1.10～2.50	1.52±0.51	33.55	1～2.30
IBIL（μmol/L）	1.66±0.67	40.36	0.70～2.90	1.41±0.71	50.35	0.60～2.90
TP（g/L）	72.57±4.10	5.65	70.00～79.00	79.11±5.03	6.36	74.10～86.90
ALB（g/L）	37.33±2.09	5.60	34.80～40.20	33.39±2.31	6.92	29.70～37.00
GLO（g/L）	35.23±4.17	11.84	33.00～43.20	45.72±5.10	11.15	40.20～54.00
A/G	1.07±0.15	14.01	0.83～1.29	0.74±0.10	13.51	0.61～0.83
AST（U/L）	67.78±12.29	18.13	50.00～87.00	70.56±17.56	24.89	57.00～102.00
ALT（U/L）	25.00±6.89	27.56	13.00～37.00	30.44±7.97	26.18	20.00～41.00
AST：ALT	2.94±1.26	42.86	1.93～6.08	2.38±0.51	21.43	1.49～3.30
GGT（U/L）	14.44±4.69	32.48	8.00～22.00	23.33±16.78	71.92	11.00～66.00
ALP（U/L）	88.44±27.47	31.06	47.00～123.00	94.22±38.64	41.01	55.00～122.00
GLU（mmol/L）	3.81±0.31	8.14	3.34～4.25	3.60±0.28	7.78	3.30～4.03
BUN（mmol/L）	4.47±0.63	14.09	3.62～5.14	4.53±2.38	52.54	2.46～10.16
URIC（μmol/L）	31.00±12.65	40.81	17.00～46.00	32.67±11.70	35.81	17.00～51.00
Crea（μmol/L）	131.89±14.84	11.25	103.00～154.00	108.22±21.99	20.32	73.00～151.00
Ca（mmol/L）	2.36±0.06	2.54	2.26～2.43	2.46±0.12	4.88	2.28～2.59
P（mmol/L）	2.21±0.35	15.84	1.83～2.74	1.86±0.50	26.88	1.10～2.67
T-CHOL（mmol/L）	2.72±0.63	23.16	2.21～4.18	2.44±0.35	14.34	2.14～3.04
TG（mmol/L）	0.23±0.06	26.09	0.14～0.30	0.28±0.09	32.14	0.17～0.41
HDL（mmol/L）	1.76±0.37	21.01	1.26～2.55	1.67±0.21	12.57	1.38～1.84
LDL（mmol/L）	0.85±0.34	40.00	0.37～1.50	0.64±0.24	37.50	0.47～1.16
LDH（U/L）	1 337.78±235.95	17.64	1 003.00～1 731.00	1 240.56±244.10	19.68	978.00～1 607.00
AMY（U/L）	25.89±3.81	14.72	18.00～35.00	23.44±7.07	30.16	11.00～33.00

注：糖化血红蛋白（GHB）、总胆红素（STB）、直接胆红素（TBA）、间接胆红素（IBIL）、总蛋白（TP）、白蛋白（ALB）、球蛋白（GLO）、A/G＝ALB/GLO、葡萄糖（GLU）、尿素氮（BUN）、尿酸（URIC）、肌酐（Crea）、钙（Ca）、磷（P）、总胆固醇（T-CHOL）、甘油三酯（TG）、高密度脂蛋白（HDL）、低密度脂蛋白（LDL）、谷草转氨酶（AST）、谷丙转氨酶（ALT）、AST：ALT＝AST/ALT、谷氨酰转肽酶（GGT）、碱性磷酸酶（ALP）、淀粉酶（AMY）、乳酸脱氢酶（LDH）。

3.3 性能指标

3.3.1 生长发育性能

公牛初生重（30.24±2.78）kg，断奶重（182.48±54.81）kg，12 月龄体重（284.41±33.71）kg，18 月龄体重（416.81±43.84）kg，24 月龄体重（515.86±76.27）kg，成年体重（813.08±112.30）kg；在放牧＋补饲的饲养管理条件下，12～24 月龄日增重可达（1 060±190）g；母牛初生重（28.17±2.98）kg，断奶重（176.79±42.59）kg，12 月龄体重(280.97±45.22）kg，18 月龄体重（388.52±35.36）kg，24 月龄体重（415.79±31.34）kg，成年体重（517.40±60.81）kg；相比于较大型肉牛品种，云岭牛的饲料报酬高。

3.3.2 胴体性能与肉质

至 24 月龄屠宰，屠宰率公牛（59.56±5.3)%、母牛（59.28±6.7)%，净肉率公牛（49.62±3.9)%、母牛（48.62±5.5)%，眼肌面积公牛（85.2 ±7.5）cm^2、母牛（70.4±8.2）cm^2,优质肉切块率可达（39.4±6.1)%。

云岭牛 12～13 肋眼肉的剪切力平均值（34.89±11.27）N，按照日本和牛肉分割与定级标准，云岭牛肉品质大部分达到 A3 以上等级，口感惬意、多汁，滋味好，可与日本神户牛肉媲美。

3.3.3 繁殖性能

母牛初情期 8～10 月龄，初配年龄 12 月龄或体重在 250 kg 以上；发情周期为 21d（17～23 d)，发情持续时间为 12～27 h，妊娠期为 278～289 d；产后发情时间平均为 60～90 d；难产率低于 1%（为 0.86%），小哨核心群的繁殖成活率历年在 80%以上。公牛 18 月龄或体重在 300 kg 以上可配种或采精。

3.3.4 泌乳性能

在一般饲养条件下，初产牛的初乳期为 4～5 d，泌乳期为（259.7±20.4）d（245～305 d)，产乳量为（752.23±133.22）kg（490.3～979.1 kg)，3～4 胎时到达泌乳高峰，整个泌乳期的产乳量可达 1 200～1 500 kg。在整个泌乳期中，乳的酸度为（11.58±1.84）T，乳脂率为（4.78±0.74)%，蛋白质含量为（4.17±0.46)%。

4 品种选育的方案

4.1 选育技术路线

1983 年引入莫累灰牛作为父本，进行肉牛杂交改良，产生莫累灰与云南黄牛的杂交母牛群（MY)。1988 年用婆罗门牛冻精与莫云杂（MY）群体进行杂交，产生含 1/2 婆罗门牛、1/4 莫累灰、1/4 云南黄牛血缘的云岭牛种群。1993 年年底云岭牛种群达到一定数量后，组建云岭牛育种核心群（公牛 120 头、母牛 432 头)，开展扩繁和横交选育，通过一系列先进的肉牛育种辅助手段，建立核心群、扩繁群、改良群三位一体的开放式育种体系，加强定向培育。选留横交后的种牛进行群体继代选育，选育过程中开展生长、育肥、繁殖等性能测定，并根据个体的毛色（主要选留红毛、黑毛个体）、体型结构以及生长性能测定（以初生重、12 月龄生长发育为主）等进行继代种牛的选择。通过持续选育提高，最终培育成肉牛新品种——云岭牛。云岭牛培育的技术路线见图 1。

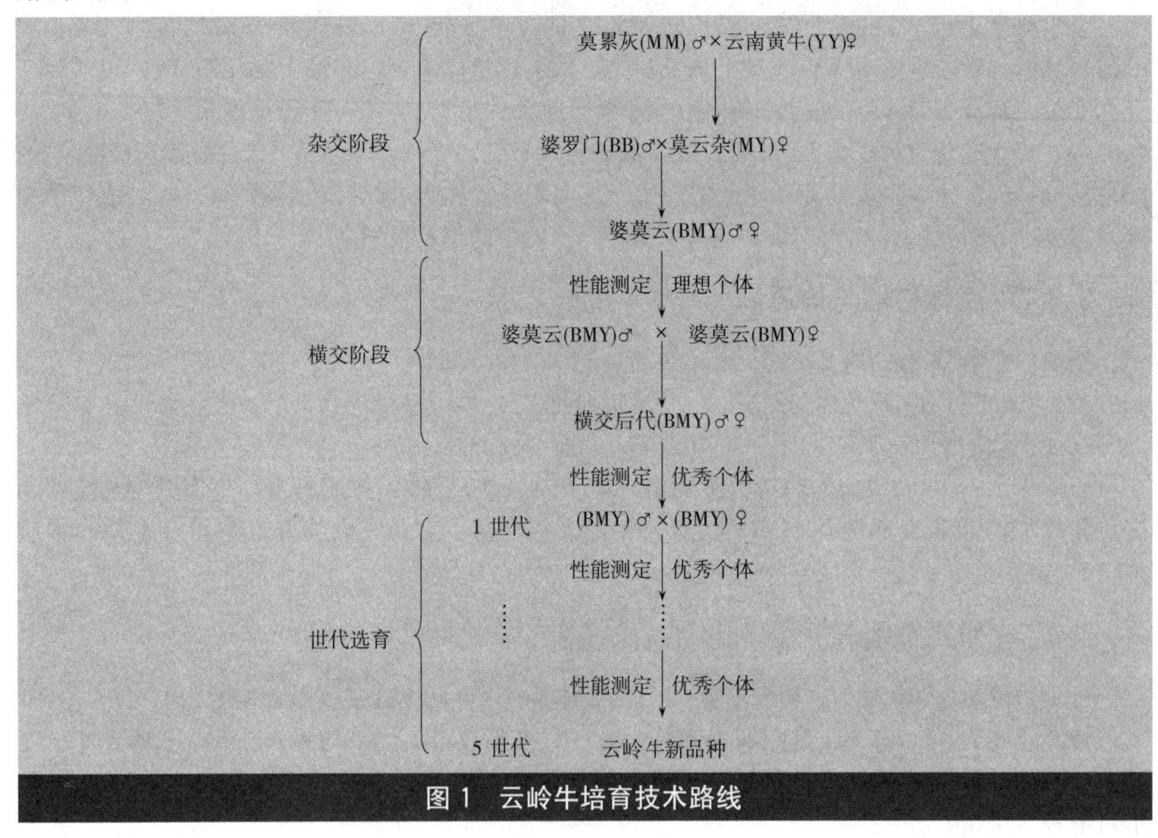

图 1　云岭牛培育技术路线

4.2　主要性能指标

4.2.1　早熟和较为早熟

BMY、BB、MY、MMY、YY 和 MM 六个组合/品种 18 月龄母牛体重分别为成年体重的 75.4%（四世代为 72.4%）、72.3%、72.4%、71.8%、70.9%和 58.1%。

4.2.2　断奶后增重快

从 6 月龄断奶到 12 月龄、18 月龄的增重率以云岭牛最高，其次是 MY、BY 和 BM。因为从出生到断奶的增重率是母牛泌乳能力的反应，从断奶到 18 月龄的增重主要取决于遗传因素和饲料的供应即环境因素，这反映出不同组合的觅食能力、对恶劣环境的适应能力及对低劣饲草的利用能力。

4.2.3　繁殖率较高

BMY、MY 及 BM 3 个组合的繁殖成活率较高，其中 BM、BMY、MY 分别为 91.0%、87.4%和 85.3%，BMY 与 YY 的 85.5%相当，明显高于 MM 的 47.2%、BB 的 65.8%、BY 的

65.6%和 MMY 的 66.0%。

4.2.4　育肥增重快

采用放牧加补饲的试验结果表明，以 MBM 和 BMY 的平均日增重较高，分别达 1 070 g 和 1 060 g,其次为 BM 1 010 g、MMY 900 g、BY 800 g 和 MY 740 g。

4.2.5　抗蜱能力强

牛蜱自然感染情况调查表明，以 BY 的抗蜱能力最强，其次为 BB、BMY、YY、MY、BM 和 MM。抗蜱能力的强弱，对热带亚热带牛的选育而言是非常重要的一个指标，这关系选育品种在特定气候环境下的适应性、抗病性和生产能力。

5　中试应用情况与经济效益分析

5.1　中试应用情况

根据云岭牛具耐热抗蜱、抗血液原虫病等特点，在云南省内的相应生态区域开展了中试推广。2006—2009 年在普洱市、德宏州、大理州、曲靖市、楚雄州等 5 个市州中试推广云岭牛种公牛 118 头（生长发育性能见表 2）、细管冻精 4.5 万剂（表 3），用于开展杂交改良，母本为云南省内的云南黄牛及其他杂种母牛，具体血缘比例为：云南黄牛（YY），西杂牛 F1（SmY）为 1/2 西门塔尔牛、1/2 云南黄牛，西杂牛 F2（SSY）为 3/4 西门塔尔牛、1/4 云南黄牛，海杂牛 F1（HY）为 1/2 海伏特牛、1/2 云南黄牛和短杂牛 F1（ShY）为 1/2 短角牛、1/2 云南黄牛。

表 2　云岭牛种公牛的生长发育性能

单位：kg

n	初生重	断奶重	12 月龄重	18 月龄重	24 月龄重	成年体重
118	31.0±5.2	179.0±33.7	297.1±53.1	382.0±42.2	503.9±45.3	746.7±123.4

表 3　云岭牛种公牛及细管冻精中试推广数量

地　区	普洱	德宏	大理	曲靖	楚雄	合计
种公牛（头）	20	56	20	20	2	118
细管冻精（剂）	5 000	15 000	15 000	5 000	5 000	45 000

截至 2009 年年底，中试推广累计完成杂交改良 14 734 头，产犊 12 738 头，产犊率为 86.45%，其中，改良 YY 牛 7 390 头，产犊 6 299 头，产犊率 85.74%；改良 SmY 牛 5 877 头，产犊 5 171 头，产犊率 85.27%；改良 ShY 牛 1 467 头，产犊 1 268 头，产犊率 82.14%（表 4）。在前期中试与推广取得良好效果后，2010—2013 年凭借项目经费资助，累计向云南、广西、贵州、重庆、广东、海南等南方省份免费发放云岭牛冻精约 15 万剂，完成杂交改良 10 万余头。

表 4　云岭牛中试推广改良数量及繁殖力

地区	云南黄牛			西本杂			短本杂			累计改良		
	参配数（头）	产犊数（头）	产犊率（%）	参配数（头）	产犊数（头）	产犊率（%）	参配数（头）	产犊数（头）	产犊率（%）	参配数（头）	产犊数（头）	产犊率（%）
普洱	1 516	1 321	87.14	126	93	73.81	68	52	76.47	1 710	1 466	85.73
德宏	2 564	2 132	83.15	86	72	83.72	38	27	71.05	2 688	2 231	83.00
南涧	112	96	85.71	1 816	1 586	87.33	567	482	85.01	2 495	2 164	86.73
巍山	624	543	87.02	1 278	1 187	92.88	512	468	91.41	2 414	2 198	91.05
腾冲	561	478	85.20	1 003	876	87.34	126	103	81.75	1 690	1 457	86.21
曲靖	651	561	86.18	—	—	—	—	—	—	651	561	86.23
楚雄	1 362	1 168	85.76	1 568	1 357	86.54	156	136	87.18	3 086	2 661	86.23
合计	7 390	6 299		5 877	5 171		1 467	1 268		14 734	12 738	
平均			85.74			85.27			82.14			86.45

注：表中“—”为该地区未进行该杂交组合改良或某些杂交组合未获取相应数据而未列入表格；以下同。

5.2　经济效益分析

自 2006 年中试推广开始，共对外供云岭牛种公牛 300 多头，冻精 20 万剂，累计生产杂交改良肉牛 10 万余头。根据中试项目组监测结果，云岭牛杂交改良牛 0.5～1 岁时，杂交牛体重比本地牛多增重约 50 kg，1.5 岁至 2.5 岁比本地牛多增重约 100 kg。据市场调查，云岭牛杂交改良牛耐粗饲、抗逆性强、适应范围广，价格较好，每饲养 1 头云岭牛杂交改良牛可比本地牛多盈利 1 500～3 000 元，即云岭牛的推广至少为广大企业及养殖户实现增收超过 1.8 亿元。同时解决农村劳力就业上万人次，为农村提供了更多的就业岗位，为农民增收创造了有利条件，改善了人民生活水平，走上了致富路。

另外，借助于云岭牛的中试推广，云南省草地动物科学研究院牵头成立了“云南省肉牛产业技术创新战略联盟”，目前联盟成员（研究单位及企业）达 24 家，无论是研究、养殖，还是加工，都以云岭牛利用为主，共建平台、共享资源，对云南省肉牛业的产业化发展做出了积极的贡献。

6　育种成果的先进性及作用意义

6.1　创造性、先进性

云岭牛育成的创造性和先进性主要体现在以下几点。

（1）利用引入世界上优秀的温带和热带肉牛品种的优良肉用特性和抗逆性，同时保留本地黄牛的适应性培育成的云岭牛，填补了中国没有自己培育热带肉牛品种的空白，是适应于中国南方热带亚热带气候环境下的新品种。

（2）综合 3 个品种的优点而采用的杂交育成方式，在全日制放牧条件下培育而成的理想型肉牛新品种，在我国肉牛品种培育史上尚属首次。

(3) 云岭牛早熟。云岭牛青年母牛的初情期为 (270.8±20.8) d (体重>250 kg)，初配年龄10～12 月龄，14 月龄的妊娠率为 90%～95%，增加能繁母牛的利用年限，缩短肉牛的生产周期。

(4) 具有生产雪花牛肉的潜力。按照日本和牛肉分割和定级标准，云岭牛肉品质大多达到A3 以上。

(5) 该育种成果巧妙地运用 3 品种杂交创新、横交选育、自群繁育、开放式育种等方法，结合分子遗传标记、人工授精、MOET 及体外受精等现代生物技术，开创了多国技术人员合作、政企联合以及企业带动并扶持农户进行肉牛育种的先河。根据血统、外貌、体重等方面进行综合选择，以早期生长速度为主选目标，同时考虑早熟与抗逆性，探索出群选群育中不同育种阶段同步进行、交叉互补的育种技术。

(6) 取得了一套成功的肉牛育种经验。形成了以科研单位为主导，自主建立了核心场和扩繁场，以此稳定了优秀的种牛群，并为选种选配和科学研究提供了保障。同时以研究院拥有完善的科研及生产平台的优势，积极与各相关部门合作，通过承担课题研究，开展生产，为育种资金提供了保证。另外，通过科研成果转化，研究院牵头成立了肉牛产业技术创新战略联盟，为云岭牛的推广打下了坚实基础。

(7) 肉牛的育种历时漫长，育种方向和技术路线始终保持稳定是成功的关键。30 年来行政业务部门多次换届，研究院也经历了数任领导，技术人员更是老少更迭，但育种方向和技术路线始终保持稳定。

6.2 作用意义

(1) 云岭牛的选育成功，为我国南方役用牛向肉用方向选种选育，提供了成功经验。填补了我国热带亚热带地区没有适宜饲养的优良肉牛品种的空白，对推动我国南方肉牛业的发展提供了种源保障。

(2) 云岭牛的选育工作，培养了一批热衷于肉牛育种事业的高职称、高学历的科研队伍，并通过各种培训和合作，为地方和基层培养了一批又一批的从事肉牛业的技术骨干，为南方肉牛产业化发展提供了品种、技术和人才的支撑。

(3) 云岭牛的培育是各级政府、业务主管部门、项目承担单位、技术依托单位等共同努力的结果，也是云南省各肉牛养殖企业、养殖户参与其中并大力支持的结果，具有独立的自主知识产权。

(4) 云岭牛的成功培育，可以减少从国外引种的外汇支出。同时，通过云岭牛地方标准的推行，避免了南方地区盲目采用北方地区的肉牛繁育及饲养体系，为南方肉牛业的可持续健康发展奠定了基础。

(5) 云岭牛的成功培育，使南方拥有了在高湿高热环境下也可以生产高档雪花牛肉的新品种，大幅增加了养殖者的经济效益。

7 推广应用的范围、条件和前景

7.1 推广应用的范围

云岭牛生性好动、敏捷，易建立条件反射，耐粗饲，抗病性强，耐热抗蜱，饲养管理方便，既适合养殖户散养，也适宜集约化饲养；既适应全日制放牧，也适应全舍饲圈养，特别在高营养水平条件下，更能充分发挥其生产潜能。由于云岭牛性成熟早、早期生长快、饲料报酬高、能生产高档雪花牛肉等特点，已被养殖企业和广大养牛户所认可，饲养数量和饲养地区逐年增加。

从气候条件上讲，云岭牛推广应用的范围比较广泛，温带到热带均适宜于其生长繁殖和发育，对于南方高温高湿地区，更是首选品种。由于其培育过程大多是全放牧，比其他温带肉牛品种更适应人工草场的全日制放牧和农区秸秆饲料资源丰富的地区饲养。

7.2 发展前景

作为一个最适宜中国南方饲养的肉牛新品种，云岭牛的利用前景广阔，利用特色主要表现在以下几个方面：

7.2.1 进行高档牛肉生产

通过云岭牛生产高档雪花牛肉育肥试验表明，按照日本和牛肉分割和定级标准，云岭牛肉品质大多达到 A3 以上，与日本和牛相媲美。仅从云南市场的调研和反馈表明，用云岭牛生产的高档雪花牛肉市场需求旺盛，而从生产能力来看，将长期处于一个供不应求的状况。

7.2.2 杂交利用

根据云南、广东、广西及贵州等省区引种推广应用反馈表明，云岭牛种公牛与本地母牛杂交具有较好的杂种优势，其后代具有生长发育较快、耐粗饲、抗病力强等优点。杂交改良效果目前已受到肉牛养殖企业和农户的认可。

云岭牛母性极强、繁殖性能好，适宜于山区饲养，特别是在低营养、天然牧场放牧的粗放管理条件下仍能保持很高的繁殖力，使用年限长，是杂交肉牛生产的优秀母本，能降低繁殖维持需要，生产出理想的商品肉牛，降低繁殖母牛的生产成本。

从云岭牛与西本牛杂交比西门塔尔与西本级进杂交牛有更好的生产表现这一结果来看，云岭牛可以作为一个配套系，与其他品种的杂交牛采用合成品系的方法进行商品肉牛生产。

7.2.3 出口优势

云岭牛的成功培育对推动我国南方以及东南亚地区肉牛业的发展，并出口泰国、马来西亚等东南亚牛肉市场有积极意义，同时形成对东南亚国家如越南、老挝、柬埔寨、缅甸等国肉牛种质资源的出口优势。

苏博美利奴羊

证书编号： 农 03 新品种证字第 13 号

培育单位： 新疆维吾尔自治区畜牧科学院

新疆农垦科学院

青岛农业大学

吉林省农业科学院

新疆巩乃斯种羊场有限公司

新疆西部牧业股份有限公司紫泥泉种羊场

新疆拜城县种羊场

新疆科创畜牧繁育中心

内蒙古自治区赤峰市敖汉种羊场

吉林省前郭县查干花种畜场

苏博美利奴羊母羊

苏博美利奴羊公羊

苏博美利奴羊群体

1 培育单位概况

1.1 新疆维吾尔自治区畜牧科学院

新疆畜牧科学院成立于1982年10月，是由原新疆农业科学院畜牧兽医研究所和自治区畜牧厅草原研究所为基础组建而成。现有畜牧、兽医（临床兽医研究中心）、草业、饲料、生物技术、畜牧业经济与科技信息（畜牧科技宣传教育中心）、畜牧业质量标准7个研究所，省部级科研平台15个（农业部草食家畜遗传育种与繁殖重点实验室、新疆动物生物技术重点实验室、新疆绒毛用羊遗传育种与繁殖重点实验室、新疆畜产品质量风险评估重点实验室、博士后工作站等），形成草食家畜遗传育种与种质创新、畜牧生物技术、动物疫病与畜源人畜共患病、干旱区草地资源与生态农业、畜牧业现代生产与管理、畜牧业标准化、反刍动物营养与饲料、畜产品加工8个院级重点学科，科研特色鲜明，技术优势突出。全院在职人员388人，专业技术人员占81%，其中，正高职称40人、副高职称102人；博士25人、硕士101人，研究生学历人员占40%。享受政府特殊津贴30人，国家百千万人才工程2人，国家现代农业产业技术体系首席科学家1人、岗位科学家6人、综合试验站站长3人，全国农业科研杰出人才1人，自治区突出贡献专家6人，自治区高层次人才（农林牧水系统）培养对象5人，“天山英才”人选11人。

“十二五”期间，围绕区域畜牧业发展需求，争取科研项目229项（国家级68项、自治区级120项、其他41项），到位科研经费2.26亿元。2016年科研立项62项，到位经费4 800余万元。依托承担的科研任务，学科-团队-研究室-平台-基地“五位一体”促进学科人才队伍建设有了长足进步，使畜科院在草食家畜重大疫病、绒毛用羊遗传育种、绵羊基因组学、动物生物技术、畜牧业质量标准、草地植被恢复与重建技术等领域继续保持国内研究优势。

“十二五”期间，取得科技成果18项，获科技奖励20项，其中国家科技进步奖二等奖1项，省部级科技进步奖16项（一等奖4项、二等奖6项）；研制国家新兽药3个（口蹄疫O型/A型/亚洲I型三价灭活疫苗、小反刍兽疫活疫苗、吡喹酮咀嚼片），获批临床试验2个（牛布鲁氏菌病缺失疫苗A19-ΔVirB12、小反刍兽疫和羊痘二联活疫苗）；培育家畜新品种1个（苏博美利奴羊），登记牧草品种1个（塔乌库姆冰草）；制定国际标准2项、国家及行业标准9项、地方标准11项；取得知识产权59件（其中发明专利29件、著作权11项），出版专著37部，论文230余篇（其中SCI收录12篇）。

国际先进成果：一是利用基因组编辑（基因组遗传修饰）技术，在国际上首次获得经基因修饰的不同毛色图案细毛羊群体（效率达55%）。二是体细胞克隆、干细胞、幼龄羔MOET（超数排卵-胚胎移植）技术体系、体外胚胎生产等一批羊胚胎工程技术实现产业化应用。三是主导制定《山羊绒鉴别与质量评价技术》等2项IWTO（国际羊毛局）标准和23项专业标准，其中11项升格为国家或行业标准。四是自主研发全天候便携式毛绒细度长度快速检测一体仪、有色有髓毛检测仪、毛束长度强力仪等检测设备。五是发现与绵羊重要经济性状密切相关的基因或遗传变异。六是研究建立稳定高效的慢病毒载体转基因技术，转基因羊生产效率从国际上的1%～5%，提高到40%以上。

填补国内空白：草食家畜种质创新、羊毛绒研究、兽药新制剂研发、动物生物高新技术研究、特色遗传资源利用等方面。牵头培育出我国第一个精纺用超细毛羊新品种-苏博美利奴羊，主持选育细绒型、高产型绒山羊、多胎肉羊、新疆褐牛肉用类型等新品种；研发出一批我国动物防疫急需、填补国内空白的新疫苗并推广全国，其中“细粒棘球绦虫粪抗原抗体夹心酶联免疫吸附试验（Sandwich ELISA）诊断试剂盒”及《细粒棘球绦虫粪抗原抗体夹心酶联免疫吸附试验诊断方法》（国家标准）被国际兽医局（OIE）和国际卫生组织（WHO）认可为包虫病诊断标准方法和专用试剂；获国内首例胚胎移植马驹和驴驹；在国际上首次提出“绒绵羊”概念，明确我国 34 个绵羊品种具有绵羊绒生产能力。

保持国内先进：草食家畜重大疫病、绒毛羊遗传育种、绵羊基因组学、动物生物技术、畜牧业质量标准、草地植被恢复与重建技术等领域。

1.2 新疆农垦科学院

新疆农垦科学院是新疆生产建设兵团直属的以农为主的综合性科研单位。现有作物、畜牧兽医、机械装备、棉花、林园、农田水利与土壤肥料、农产品加工、科技信息、生物技术 9 个研究所和分析测试中心及《新疆农垦科技》《绿洲农业科学与工程》2 个编辑部，院下属 1 个试验农场及农业新技术推广服务中心、新疆科神农业装备科技开发有限公司等 16 家国有和国有控股科技企业，与兵团第一师和塔里木大学在阿拉尔市共建有南疆分院。有职工 1 376 人，其中，中国工程院院士 2 名，享受国务院特贴专家 36 人。有省部共建国家重点实验室培育基地（新疆兵团绵羊繁育生物技术重点实验室）等国家及省级科研条件平台 14 个。

新疆农垦科学院坚持以应用研究和应用基础研究为主，建院以来获国家科技进步奖一等奖 4 项，二等奖 4 项，三等奖 6 项，省部级一等奖 41 项。“十五”以来，鉴定、验收科技成果 374 项，审定农作物新品种 92 个，获兵团级以上科技成果奖励 142 项，其中，国家科技进步奖二等奖 4 项；科技服务和成果推广覆盖兵团 13 个师 175 个农牧团场及内地 8 省区；科技创新促进了科技成果转化及产业发展，以农业机械、新型肥料、种业为主的科技产业格局基本形成。

1.3 青岛农业大学

青岛农业大学始建于 1951 年，2012 年被评为“山东特色名校工程”首批立项重点建设大学。拥有农、工、理、经、管、文、艺、法 8 个学科门类，设有 24 个教学院部，77 个本科专业，13 个硕士学位授权一级学科，4 个专业学位硕士授权类别，全日制在校生 3 万余人。建校以来，已为社会培养全日制毕业生 11 万余人。

学校现有专任教师 1 530 人，其中具有高级职称的教师 657 人，获得博士学位 624 人。有双聘院士、“千人计划”“万人计划”、享受国务院政府特殊津贴专家、“泰山学者”特聘教授（专家）、入选教育部科技部人才支持计划、教育部教学指导委员会专家、全国优秀教师等 80 余人。有国家和山东省现代农业产业技术体系岗位专家、试验站站长等 68 人。有山东省重点学科和重点实验室首席专家 5 人，有省级优秀教学科研创新团队 8 个。

学校现有 7 个山东省重点学科，6 个山东省重点实验室，3 个山东省人文社会科学研究基地。有国家级特色专业 4 个，国家“本科教学工程”地方高校第一批本科专业综合改革试点专业 1 个，教育部、农业部、国家林业局卓越农林人才教育培养计划改革试点专业 1 个，省级特色专业 14 个。建有国家级科技创新平台（研发与培训基地）9 个，省部级创新平台（研究中心与基地）27 个，青岛市重点实验室、工程（技术）中心和科技合作基地 15 个。

“十二五”期间，承担国家级课题 311 项，省部级课题 551 项，科研经费达 4.9 亿元。审定植物新品种 26 个，授权国家发明专利和植物新品种 581 项，获得国家技术发明二等奖 1 项，国

家科技进步奖二等奖 2 项，省部级以上奖励 46 项。

学校与美国康奈尔大学、韩国首尔大学、荷兰瓦赫宁根大学、澳大利亚弗林德斯大学等 20 个国家和地区的 80 多所高校、科研机构建立了合作交流关系，互派访问学者、交流学生，开展合作研究。

1.4 吉林省农业科学院

吉林省农业科学院是省政府直属的以应用研究为主，兼顾应用基础研究和公益性科技工作的综合性农业科研机构。主要任务是围绕全省现代农业和农村经济发展需求，开展农业科技创新和技术推广，为全省“三农”服务，为吉林省现代农业发展和社会主义新农村建设提供科技支撑和引领。

全院设有畜牧科学分院（下设畜牧研究所、动物营养研究所、动物生物技术研究所、草地研究所 4 个副处级研究所）、玉米研究所、水稻研究所、大豆研究所、植物保护研究所、作物资源研究所、农业资源与环境研究所、农业生物技术研究所、果树研究所、农产品加工研究所、经济植物研究所、农村能源与生态研究所、花生研究所等 16 个专业研究所，1 个农业信息服务及技术推广机构（农业经济与信息研究所），1 个农场，2 个综合试验站。另外，主管一所大专学校——吉林农业工程职业技术学院。全院承建玉米国家工程实验室（长春）、大豆国家工程研究中心、国家植物转基因中试与产业化基地（吉林）等国家和省级科研平台 58 个，有国家现代农业产业技术体系岗位科学家岗位 13 个、综合试验站 10 个。现有新世纪“百千万人才工程”国家级人选 3 人，国务院特殊津贴 19 人，农业部农业科研杰出人才 2 人；吉林省杰出创新创业人才 2 人，吉林省科技进步特殊贡献奖 2 人。

“十一五”以来，全院共取得鉴定验收成果 363 项。获得授权专利 71 项，发布标准 46 项，通过审（认）定动植物新品种 226 个，获奖成果 157 项。

1.5 新疆巩乃斯种羊场有限公司

新疆巩乃斯种羊场始建于 1939 年，隶属于新疆维吾尔自治区畜牧厅，是新疆细毛羊和中美羊（新疆型）的原种场，1996 年被农业部命名为国家级重点种畜场、全国百家良种企业，2008 年加入国家绒毛用羊产业技术体系，开始了伊犁细毛羊综合试验站建设工作。

新疆巩乃斯种羊场位于伊犁河谷中段的巩乃斯草原，东距新源县 72km，西距伊宁市 120km，国道 218 线横贯种羊场，交通便利。全场总面积 3.85 万 hm^2。其中耕地近 0.33 万 hm^2，优质草场 3.13 万 hm^2，总人口 8 194 人，由哈萨克族、汉族、回族、维吾尔族等 8 个民族组成，其中少数民族占总人口的 70%，全场牲畜存栏 5 万（头/只），其中国有细毛羊存栏 2 万余只，年产细毛羊超过 100t，生产种羊 1 500 余只。新疆巩乃斯种羊场有着近 80 年的建场历史，拥有全国最完备的细毛羊育种资料、科技档案，有一支具有丰富养羊经验的基层技术骨干和育种团队，专门建有新疆细毛羊研究所，主要经营范围有优良种畜牧的生产推广、牛羊优良、羊毛生产、加工和销售等。同时，草场广阔，草质优良，气候适宜于细毛羊生产繁育，为国产细毛羊的培育提供了得天独厚的自然条件和群众基础。建场以来，巩乃斯种羊场累计向全国，主要是西北地区推广细毛种羊 26.9 万只，生产优质细羊毛 7 100t，为我区及全国细毛羊的改良提供了大量的优质种源。

早在 1954 年就为国家培育成功我国第一个细毛羊品种——新疆毛肉兼用细毛羊，结束了我国没有自己细毛羊品种的历史。经过广大畜牧科技工作者的共同努力，于 1985 年又成功培育出具有国际同类羊领先水平的细毛羊新品种——中国美利奴羊（新疆型）。这两个品种的培育成功，使巩乃斯种羊场成为“中国细毛羊的故乡”，同时奠定了巩乃斯种羊场在全国细毛羊业的地位。1986年以后，又相继育成了中国美利奴羊（新疆型）毛密品系、细毛型、多胎型、肉用型、体格大品系及毛质好品系等，这些新品系/类型的育成，不仅丰富了中国美利奴羊（新疆型）品种结构和遗传基础，更重要的是极大地提高了全场细毛羊的生产性能水平，为新品种的培育打下了坚实基础。历史上，“中国美利奴羊（新疆型）的培育”曾获国家和新疆维吾尔自治区科技进步奖一等奖，“中国美利奴羊（新疆型）毛密品系的建立”获新疆维吾尔自治区科技进步奖一等奖，“中国美利奴羊（新疆型）细毛型”获新疆维吾尔自治区科技进步奖三等奖，1991年“中国美利奴羊（新疆型）选育提高和繁育改良”获新疆维吾尔自治区科技进步奖一等奖，2002年“中国美利奴羊（新疆型）体格大和毛质好品系”获新疆维吾尔自治区科技进步奖二等奖，1990年获农业部颁发的“全国最高净毛单产奖”和“九九北京国家级农业博览会金奖”等多个奖项。

2000年以来，为进一步提高国产细羊毛品质，新疆巩乃斯种羊场作为主要培育单位参加了由新疆畜牧科学院牵头组织实施的国产超细型细毛羊的培育工作。2008年，新疆巩乃斯种羊场有限公司加入国家绒毛用羊产业技术体系，开始了伊犁细毛羊综合试验站建设工作，在体系的统一组织下，参加了全国范围内的细毛羊联合育种工作。

1.6 新疆西部牧业股份有限公司紫泥泉种羊场

新疆生产建设兵团紫泥泉种羊场始建于1953年，是中国美利奴羊（军垦型）的原种场，是国家级重点种畜禽场，全国农垦百家良种企业，是农业部新疆萨帕乐优质细毛羊生产基地，是中国工程院刘守仁院士的试验基地，是石河子大学高新技术产、学、研基地。

新疆生产建设兵团紫泥泉种羊场地处天山北麓，准噶尔盆地南缘，总面积为1 341.7km^2。耕地0.167万hm^2，居住有汉族、哈萨克族、维吾尔族等12个民族，总人口6 523余人，其中各类专业技术人员360余人。有优质天然草场4万hm^2，常年饲养3.5万（头/只）优良种羊、牛、马、鹿等牲畜。该场以牧业为主。工业有粮油食品加工、农机修造、服装、皮革、建筑、印刷、民族工艺品等。农产品有甜菜、大麦、小麦、玉米、烟叶等。场域内有多种矿产资源和野生动物资源，野生中药材有一百多种。近几年又建起了养鹿场、煤矿、旅游公司，形成了以绵羊育种为主、多种经营的发展格局。

早在20世纪50年代，该场引进新疆细毛羊、阿勒泰细毛羊作为种羊，对当地哈萨克土种羊进行杂交改良。经过数十年的不懈努力，先后于1970年培育出“军垦细毛羊”；1985年培育出“中国美利奴羊（军垦型）”新品种，荣获国家科学技术进步奖。

1.7 新疆拜城县种羊场

拜城县种羊场成立于1954年，前身为阿克苏专区地方国营拜城东方红种畜场，是农业部确认的“中国美利奴细毛羊生产基地”“萨帕乐优质细羊毛生产基地”和“新疆细毛羊原种场”。

拜城县种羊场地处天山中段南麓，中国四大古道之一“夏塔古道”南端，北依天山，南接察尔齐镇，东邻老虎台乡，西与温宿县隔木扎提河相望，总面积2 214.25km^2。辖4个牧业队、1个农业队、1个牛奶场、1个机务队、1个副业队、1个基建队，场部驻开普台尔哈纳村。山区天然草场分布于天山托木尔峰以北、雪莲峰以东，面积12.33万hm^2，可利用草场11万hm^2；人工草地380hm^2，耕地720hm^2。全场地处山区，地形复杂，地势南低北高，海拔1 688～

4 778.5m。高山终年积雪，为木扎提河之水源。低山区气候温凉，降水较多，小乔灌木、杂草丛生，是天然的好牧场。无霜期为120～135d，适宜油菜、胡麻、小麦生产。辖区有国家级托木尔自然保护区，动植物资源丰富，野生保护动植物有天山雪豹、雪鸡、雪莲、狼、黄羊、北山羊、盘羊等；畜牧业主要以细毛羊、绒山羊、牦牛、拜城油鸡为主。牲畜存栏5.6万头（只），细毛羊存栏3.85万只，绒山羊存栏1.6万只；每年生产并推广中国美利奴（新疆型）和苏博美利奴羊优秀种公羊1 000多只，年生产萨帕乐品牌羊毛132t，羊绒4.9t。

拜城县种羊场细毛羊养殖及育种已有40多年历史。20世纪80年代初继巩乃斯种羊场育成中国美利奴（新疆型）细毛羊之后，老一辈育种专家杨尔济、李立三教授转战南疆，开始在拜城县种羊场主持培育中国美利奴细毛羊，分别于1983年、1986年和1987年引进澳大利亚澳洲美利奴种公羊6只，与拜城县种羊场新疆细毛羊母羊进行导血杂交。先后经过横交固定、系统的整群鉴定、优选优配、品质的巩固提高，于1993年培育出了适应南疆气候特点的中国美利奴（新疆型）细毛羊，并在1993年10月通过了自治区畜禽品质鉴定委员会的品种归属验收，正式归属为中国美利奴（新疆型）细毛羊。2000—2007年先后从巩乃斯种羊场、吉林省农业科学院、新疆兵团农垦科学院等地引进中国美利奴（新疆型）种羊及澳洲美利奴胚胎移植种公羊26只，经过多年选种选育，母羊基础群以66支、70支为主体。后备种公羊年生产能力达到1 000只，除满足拜城、温宿等县细毛羊扩繁改良外，还远销到甘肃肃南县、新疆生产建设兵团4师76团、兵团14师及新疆奇台县等地。

1.8 新疆科创畜牧繁育中心

新疆科创畜牧繁育中心成立于2005年，隶属于新疆畜牧科学院，是新疆自治区级种畜场、自治区农业引智成果示范推广基地、国家现代农业（绒毛用羊）产业技术体系乌鲁木齐综合试验站，2015年被评为自治区标准化示范场。主要从事绵羊遗传育种、繁殖技术、高效养殖、种质资源保护，以及优良种畜和标准化生产配套技术的示范推广工作。目前中心饲养有苏博美利奴羊、萨福克羊、陶赛特羊、中国美利奴羊（新疆型）、多胎细毛羊等品种。累计向国内推广细毛羊种羊1 100余只，生产优质细羊毛超过30t；推广肉用种羊为1 000余只，为国家羊产业发展做出了应有贡献。

新疆科创畜牧繁育中心占地4hm^2，现有可容纳千只羊的现代化圈舍1 800m^{2}和10栋可容纳3 000余只羊的常规圈舍，属于现代化全舍饲养羊基地。现有专业技术人员30名（其高级技术人员6名、中级技术人员12名），由汉族、哈萨克族、维吾尔族、回族、蒙古族、塔吉克族等6个民族组成，其中少数民族占40%。现“中心”羊存栏2 000余只，其中，苏博美利奴羊1 500只、肉用羊340只，年产细羊毛3t、种羊300只。“中心”建有胚胎移植实验室、手术室、配种室、畜产品加工、冻精生产实验室等试验条件，配有梯度PCR仪、凝胶电泳仪、胚胎融合仪、胚胎冷冻仪、体视显微镜、内窥镜和程序化细管冻精生产设备等仪器设备。

“十一五”“十二五”期间，新疆科创畜牧繁育中心先后承担了国家科技支撑项目、国家农业成果转化资金项目、自治区重大专项、自治区高新技术项目和国家种质资源平台建设等重大项目8项。2007年被自治区外专局评为“农业成果引智基地”，2008年成为国家绒毛用羊产业技术体系乌鲁木齐综合试验站技术依托单位。“中心”技术服务体系健全，专业队伍力量强，为国家、自治区相关科研项目的实施、成果集成示范和良种推广发挥着重要作用。2000年以来，在主管单位新疆畜牧科学院的组织下，作为主要培育单位积极开展超细型细毛羊新品种的培育工作。

1.9 内蒙古自治区赤峰市敖汉种羊场

赤峰市敖汉种羊场始建于1951年，是敖汉细毛羊的原种场，国家级重点种畜场，属国有事业单位。位于赤峰市东南部，敖汉旗北部，是敖汉旗北部的区域中心；也是敖汉旗北部的交通枢纽，京通铁路线横穿境内，在场部设有客货运站。全场总面积1.33万 hm^2，均为国有土地，可利用牧场0.633万 hm^2，人工草地0.067万 hm^2，有林面积0.28万 hm^2，粮作面积0.133万 hm^2。人口7 500人，其中职工2 160人（包括离退休人员450名）。

赤峰市敖汉种羊场具有高级职称的3人，中级职称6人，初级职称的2人。拥有比较系统的细毛羊育种技术体系和饲养管理体系，设有技术科，负责全场的选种选配、鉴定整群、人工授精和胚胎移植等项工作。设有专职的技术档案室和羊毛分析室，兽医化验室。形成了集饲养管理、育种和兽医防疫治疗等一整套的科学管理体系。

敖汉细毛羊具有体大、体质结实、繁殖率高、生长发育快、适应性强，遗传性能稳定耐寒耐粗饲等优良特性，并具有较高的产肉性能和育肥特性。羊毛细度以66～70支纱为主体，纺织工业性能优良，毛纺品呢面光洁、平整、疵点少，具有轻、薄、软、暖的特点，实物质量达到同类外毛水平，纺织品出口国外。1982年内蒙古自治区人民政府组织验收命名为“敖汉毛肉兼用细毛羊”。2008年敖汉细毛羊被农业部列为国家级重点保护品种。

1985年全面导入澳洲美利奴羊血液进行杂交，经过20余年的选育，改善饲养管理，使种羊生产性能及羊毛综合品质都有了显著的提高，经专家组鉴定认为，敖汉细毛羊品种质量现已达到澳美羊中等以上水平，在国内处于先进水平。1999—2001年在内蒙古自治区人民政府主办的“内蒙古绵羊品种及羊毛展示展销会”上，所参展的敖汉细毛羊，1999年获亚军，2000年和2001年均荣获冠军，2000年被内蒙古自治区评为优质名牌畜种。羊毛于2001年代表内蒙古自治区“赛澳丝”羊毛品牌参加南京羊毛市场拍卖，受到客商的赞誉。2008年以敖汉种羊场为依托单位，正式开始国家绒毛用羊产业技术体系敖汉细毛羊综合试验站的建设，重点实施敖汉细毛羊超细型新品种/系培育工作。

1.10 吉林省前郭县查干花种畜场

查干花种畜场始建于1956年，是国家级重点种畜场，是国家五大育种基地之一，培育和饲养着西门塔尔牛、新吉细毛羊、苏博美利奴羊三个优良品种。查干花种畜场位于前郭县城西125km处，地理坐标北纬44°37′、东经123°14′～123°56′，东与查干花镇相连，西与乌兰敖都乡为邻，南与长岭县三团乡交界，北与乾安县所字镇接壤。全场总面积1.3万 hm^2。注册资金440万元，从事畜牧养殖及玉米、谷物等农作物种植，总人口4 311人，职工1 079人，其中在职职工590人。总场下设8个分场，其中，7个农业分场和1个牧业分场。

全场可利用草原面积5 088hm^2，其中天然草场发包面积3 504hm^2、放牧场面积712hm^2、人工苜蓿草地面积872hm^2，中国西门塔尔牛、新吉细毛羊和苏博美利奴羊三个优良品种是场牧业的精品，场成立了中国西门塔尔牛和细毛羊核心群，2008年加入国家绒毛用羊产业技术体系以来，细毛羊培育及生产有了新的突破。目前，全场细毛羊存栏13 901只，其中苏博美利奴羊700余只。

2 培育背景与培育目标

2.1 培育背景

2.1.1 苏博美利奴新品种培育的市场背景

我国是世界第一大羊毛进口国和消费国，但国产羊毛的综合品质和产量远不能满足国内毛纺加工需求，每年花费近20亿美元购买羊毛。1949年后，国家在已有基础上有计划组织开展了细毛羊育种工作，于1954年育成我国第一个细毛羊品种“新疆毛肉兼用细毛羊”，填补了我国细毛羊品种的空白。1972年开始，我国以引进澳洲美利奴羊为基础，经过13年的协作攻关，于1985年成功培育出羊毛细度以64～66支（羊毛纤维直径23～20μm）为主体、羊毛综合品质优良、生产性能突出的中国美利奴羊新品种，为提高我国细毛羊的羊毛产量和被毛品质发挥了重要作用，标志着我国细毛羊育种水平进入世界先进行列。

20世纪90年代以来，国际上毛纺品的市场需求发生改变。质地轻薄、外观挺拔、手感好的精纺毛织品面料逐渐受到国内外市场的青睐，而毛纺原料市场对超细型羊毛（细度80支）的需求量也快速增加。伴随这一需求变化，世界羊毛主产国澳大利亚的细毛羊育种工作进行了规划转型，逐渐向细型发展，并突出超细型细毛羊培育。澳大利亚超细羊毛产量比例迅速增加，由90年代末的8%提高到30%以上。这期间澳大利亚羊毛产量虽然减少了1/3，但是总体上羊毛出口总创汇并没有减少。而我国细羊毛不仅产量不足，且羊毛细度也以64～66支为主体，与毛纺加工需求变化不吻合，难以满足毛纺企业生产高档面料的要求。我国自90年代初开始细型细毛羊培育工作，在农业部的组织领导下，于2002年由新疆、吉林等省区联合选育出主体羊毛细度以66～70支为主体的新吉细毛羊新品种。虽然该品种中有部分种羊羊毛细度达到80支，但数量有限。

随着我国对超细羊毛（80支）的需求刚性增加，我国已有细毛羊品种无法满足市场需要，急需培育具有独立知识产权的超细毛羊品种。

2.1.2 苏博美利奴新品种培育的育种工作积累

细毛羊育种始终以羊毛市场需求为导向。在中国美利奴羊育成后，主要种羊场把育种目标转向改善羊毛细度，多种渠道引进澳美羊或中国美利奴羊进行改良，提高羊毛细度档次。1999年敖汉种羊场进口6只澳洲美利奴羊，羊毛纤维直径在16.1～19.6μm；2000年吉林省农业科学院引进了10只澳洲美利奴超细型公羊（羊毛纤维直径16～18μm）饲养在吉林省镇南种羊场，并先后向查干花种畜场、巩乃斯种羊场、新疆农垦科学院种羊场、新疆拜城种羊场调配种羊或冻精；2001年新疆农垦科学院引进了超细毛羊胚胎90枚，得到优秀超细毛公羊15只，最细的1只羊毛纤维直径达到了12.6μm；2002年新疆畜牧科学院进口2 000枚澳洲美利奴超细型羊胚胎，分别在巩乃斯种羊场、南山种羊场和巴州种羊场开展了胚胎移植工作，获得了近500只后代。同时，经过中国美利奴羊和新吉细毛羊的选育与推广，在新疆、内蒙古、吉林等省区近10个种羊场拥有了高质量的细毛羊群体，并且积累了丰富的联合育种经验。据各场鉴定资料调查，基础群中已有近10%的个体羊毛纤维直径小于19μm，达到80支细度标准。这些前期工作积累为进一步开展超细毛羊选育提供了重要的育种素材和联合育种技术基础，超细毛羊育种势在必行。

因此，2000 年由新疆畜牧科学院牵头，联合有基础的种羊场和相关院校、科研单位，组织成立了全国超细毛羊育种协作组，明确了选育目标和任务。根据各种羊场羊群质量和遗传背景与种羊推广区域，制订了开放式育种方案。选择新疆巩乃斯种羊场、紫泥泉种羊场、新疆农垦科学院种羊场、内蒙古敖汉种羊场、吉林省查干花种畜场、吉林省镇南种羊场等 6 个种羊场作为超细毛羊品种核心群培育基地，选择新疆拜城种羊场、乌鲁木齐南山种羊场、塔城种羊场、温泉种羊场、内蒙古乌审旗种羊场、吉林省前郭县红星牧场以及新疆农垦 74、76、77、86、143 团场等 11 个种羊场作为超细毛育种群培育基地，根据统一的育种目标开展系统性培育工作。同时，在各种羊培育基地周边选择多个县市和团场作为超细毛羊推广改良基地，形成推广辐射区域，建立优质羊毛生产区。由于育种年限长，在品种选育过程中出现参加单位因改制或机构调整、人员变化等情况致使超细毛羊育种计划实施受到一定影响。根据这些情况，2009 年国家绒毛用羊产业技术体系组建后，对原协作组进行了部分调整，制订了五年联合攻关计划。调整后的联合育种协作组包括：新疆维吾尔自治区畜牧科学院、新疆农垦科学院（含种羊场）、青岛农业大学、吉林省农业科学院、新疆巩乃斯种羊场有限公司、新疆西部牧业股份有限公司紫泥泉种羊场、新疆科创畜牧繁育中心、新疆拜城县种羊场、内蒙古敖汉种羊场、吉林省查干花种畜场、乌鲁木齐南山种羊场、塔城种羊场、温泉种羊场、新疆兵团农四师 76 团、77 团、农五师 86 团、农八师 143 团以及内蒙古敖汉旗畜牧局、乌审旗畜牧局等单位。其中，新疆维吾尔自治区畜牧科学院、新疆农垦科学院、青岛农业大学、吉林省农业科学院等科研院校负责育种技术工作，合作开展育种方案设计、超细毛羊现场鉴定标准制定、繁殖生物技术研究、分子育种技术、生长发育规律研究、饲养管理技术研究等方面专题研究。

自 2000 年起，新品种培育跨越了“十五”“十一五”及“十二五”三个 5 年计划，得到了国家科技支撑、国家高技术发展计划（863）、国家产业技术体系以及各培育省区科技攻关、重大专项等的持续支持。

2.2 培育目标

2.2.1 总体育种目标

以羊毛细度和净毛量两个性状为选育重点，兼顾毛长、剪毛后体重、羊毛强度、体型外貌、弯曲、油汗等性状，最终培育出符合典型美利奴羊体型外貌特征，羊毛纤维直径以 17.0～19.0μm 为主体，产毛量高、被毛品质好、遗传性能稳定的新品种。

2.2.2 主要生产性能育种目标

在正常的饲养条件下，核心群最低生产性能指标：成年公羊、成年母羊剪毛后体重分别不低于 65 kg 和 36 kg，净毛量分别不低于 5.0 kg 和 2.5 kg；育成公羊、育成母羊（15 月龄）剪毛后体重分别不低于 38kg 和 30 kg，净毛量分别不低于 2.5 kg 和 2.2 kg。

育种群生产性能指标：与核心群比较，净毛产量成年公羊、育成公羊和成年母羊不得低于 0.5kg，育成母羊不得低于 0.3kg；剪毛后体重成年公羊、育成公羊不得低于 5kg，成年母羊、育成母羊不得低于 3kg。经产母羊产羔率为 110%左右。

2.2.3 育种数量目标

核心群达到 1.0 万只，育种群达到 3.0 万只以上。累计推广优秀公羊 5 000 只以上，杂交改

良本地细毛羊200万只以上，建立优质羊毛生产示范基地。

3 主要特性特征及性能指标

3.1 体型外貌

苏博美利奴羊具有美利奴羊典型的外貌特征，体质结实，结构匀称，体形呈长方形，鬐甲宽平，胸深，背腰平直，尻宽而平，后躯丰满，四肢结实，肢势端正。头毛密而长，着生至两眼连线。公羊有螺旋形大角，少数无角，母羊无角。公羊颈部有2～3个横皱褶或纵皱褶，母羊有纵褶，公、母羊躯体皮肤宽松无皱褶。

3.2 品种主要特性

苏博美利奴羊主要特性是被毛为超细型羊毛，主体羊毛纤维直径17.0～19.0μm。被毛白色且呈毛丛结构，闭合性良好，密度大，毛丛弯曲明显、整齐均匀，油汗白色或乳白色。净毛率高，腹毛着生良好。

苏博美利奴羊具有良好的适应性和抗逆性，能够在西北、东北地区不同海拔高度、寒冷干旱的气候条件和四季放牧、长途转场的生产方式下饲养。

3.3 性能指标

3.3.1 毛用性能

苏博美利奴羊核心群各类羊主要毛用性能见表1，育种群（母羊）主要毛用性能见表2。

表1 核心群生产性能

羊 别	样本数量	细度 (μm)	剪毛量 (kg)	净毛率 (%)	净毛量 (kg)	毛长 (cm)	剪毛后体重 (kg)
成年公羊	108	17.80±1.01	9.87±0.79	62.65±3.4	6.21±0.67	10.11±0.94	88.90±6.45
成年母羊	2 621	17.19±0.84	4.98±0.56	61.21±3.0	3.04±0.28	9.06±0.78	45.80±3.15
育成公羊	247	17.46±1.02	6.51±0.48	62.47±4.2	4.05±0.76	10.72±1.07	58.17±4.94
育成母羊	1 078	17.16±0.90	3.80±0.35	62.85±3.6	2.42±0.46	10.99±1.19	35.83±4.08

表2 育种群母羊生产性能

羊别	样本数量	细度 (μm)	剪毛量 (kg)	净毛率 (%)	净毛量 (kg)	毛长 (cm)	剪毛后体重 (kg)
成年母羊	1 798	18.75±1.05	5.24±0.57	58.97±4.8	3.11±0.35	9.02±0.41	45.22±3.47
育成母羊	1 170	18.52±0.54	5.23±0.52	58.17±4.0	3.00±0.38	9.61±0.39	39.90±3.34

3.3.2 产肉性能

屠宰试验表明，在放牧饲养条件下，苏博成年羯羊平均胴体重 24.5kg，屠宰率 45.6%，净肉重 16.2kg；成年母羊平均胴体重 19.11kg，屠宰率 46%，净肉重 14.41kg；周岁公羊平均胴体重 19.47kg，屠宰率 46%，净肉重 14.89kg；育成母羊平均胴体重 15.43kg，屠宰率 45%，净肉重 11.80kg。利用苏博美利奴改良公羔进行育肥，生产羊肉，可以做到毛肉兼收、双向利用的目的，经济效益明显提高。

3.3.3 繁殖性能

在正常饲养条件下，苏博美利奴羊公、母羊性成熟期为 6～8 个月龄，适配年龄为 12～18 月龄；成年母羊产羔率为 110%～128%，羔羊成活率为 90%以上。

4. 品种培育的方案

4.1 培育技术路线

4.1.1 技术路线

苏博美利奴羊新品种培育采取跨省区、多场多单位联合育种方案，以进口超细型澳洲美利奴羊为父本，以各场饲养的中国美利奴羊、新吉细毛羊、敖汉细毛羊等为母本，按性状组建基础群，采用级进杂交方法，在 2 代中选择理想型个体进行横交固定。核心群场间实现公羊交流，建立基于核心群、育种群、改良基地的开放式育种体系，集品种选育与推广改良为一体，加快新品种育种进程与基地建设速度。

核心群包括巩乃斯、紫泥泉、拜城、科创、敖汉、查干花等 6 个种羊场，在中国美利奴羊、新吉细毛羊和敖汉细毛羊（引澳血后）中选择羊毛纤维直径≤21.5μm 的母羊组建基础群，用进口的澳洲美利奴超细型公羊（羊毛纤维≤18μm）进行级进杂交，选留理想型个体进行横交固定，纯繁选育。

育种群包括南山种羊场，塔城种羊场，温泉种羊场，兵团 74、76、77、86、143 团场，乌审旗种羊场和吉林红星牧场等 11 个种羊场，用核心群提供的理想型公羊或冷冻精液，与本场羊毛纤维直径≤21.5μm 的母羊进行级进杂交，选留达标个体进行横交固定，纯繁选育。

改良基地主要是核心群场和育种群场周边地区的细毛羊基地县或团场，利用核心群和育种群提供的种公羊，与基地内当地细毛羊开展大规模杂交改良，建立优质羊毛生产基地。

围绕新品种培育的关键环节，在联合育种技术、种羊遗传评估技术、优良种群快速扩繁技术、主要经济性状分子标记挖掘及分子标记辅助选择技术等领域开展系统研究，形成高效、新型的育种技术体系，促进了新品种的培育进程。同时，研究制定新品种的品种标准、营养需要和饲养管理规程等，完善配套生产技术体系，促进新品种的推广。开发基于超细羊毛的毛纺织品，推动新品种的产业化。

4.1.2 培育过程

4.1.2.1 基础群组建 由于各育种场引进澳美羊或中美羊的时间不一致，羊群的遗传背景不同，质量差异较大，2000 年年初对各场羊群进行了普查鉴定。结果表明，在 6 个核心场抽查鉴定的 9 086 只种羊中被毛品质良好的羊占 51.6%，其中主要指标羊毛细度 64 支的占 5.83 %，66 支的占 47.71 %，70 支的占 39.38 %，80 支的占 7.08 %。经采样分析，基础群中羊毛细度达到 21.5μm 以内的占 46.46 %，具备了选育超细毛羊的基本条件。根据个体鉴定成绩，经过严格选择淘汰，同年 6 月中旬组建了选育基础群 11 446 只，其中种公羊 302 只，成年母羊 8 152 只，育成公羊 703 只，育成母羊 2 289 只。

4.1.2.2 级进杂交改良阶段（2000—2005 年） 2000—2005 年期间核心场按照统一的育种方案和育种指标，利用进口澳美及其后代公羊分别与本场的中国美利奴、新吉细毛羊和敖汉细毛羊的核心群母羊开展级进杂交选育，级进至 2 代时达到育种指标（理想型）的个体选留进行横交，纯繁选育。与此同时，2003—2007 年育种群的 11 个场利用核心场提供的种公羊与本场母羊开展级进杂交，级进至 2 代选留理想型个体参加横交。

4.1.2.3 横交固定阶段（2006—2014 年） 在级进杂交过程中，核心群的 F2 代中出现了大量羊毛细度等性状和体型外貌完美结合、达到选育指标要求的个体，因此确定在 F2 代开始进行横交固定。而育种群则选择 F2 代中出现的理想型个体，进行横交固定。在横交固定过程中通过自群繁育连续四个世代的选育，提高群体整齐度和遗传稳定性。

2008 年国家绒毛用羊产业技术体系组建后，及时对不能完成育种任务的核心群场和育种群场进行了调整，去掉了吉林的镇南种羊场、红星牧场，增加了新疆科创畜牧繁育中心，由于拜城种羊场选育进展较快，将拜城种羊场归入核心群。同时进一步强化育种任务和育种措施，实施五年联合攻关，加快新品种选育进程。

4.2 主要性能指标进展

4.2.1 核心群各年度生产性能进展

由于各场间种公羊使用年份不统一，年度与世代重叠在一起，为了便于显示选育进展，分别按年度汇总核心群平均生产性能见表 3。

表 3 核心群各类羊生产性能进展情况

羊别	年度	样本数量	纤维直径 (μm)	剪毛量 (kg)	净毛率 (%)	净毛量 (kg)	毛长 (cm)	剪毛后体重 (kg)
成年公羊	2001	100	19.76±2.30	11.95±1.86	60.40±6.5	6.86±0.95	10.62±1.22	86.18±7.91
	2005	86	19.15±2.07	9.72±1.24	58.23±6.8	5.26±0.64	10.88±1.04	82.90±7.00
	2009	105	18.41±1.35	10.26±1.05	59.29±5.6	5.51±0.63	10.29±0.87	83.79±7.21
	2013	108	17.80±1.01	9.87±0.79	62.65±3.4	6.21±0.67	10.11±0.94	88.90±6.45
成年母羊	2001	685	20.18±2.15	6.21±0.95	54.01±6.2	2.49±0.36	9.95±1.17	46.94±4.21
	2005	610	19.03±1.87	5.63±0.65	58.67±5.0	3.09±0.33	9.12±0.89	47.23±3.67
	2009	1 121	18.56±1.34	5.18±0.64	55.06±4.2	2.96±0.30	9.34±0.87	47.40±4.01
	2013	2 621	17.19±0.84	4.98±0.56	61.21±3.0	3.04±0.28	9.06±0.78	45.80±3.15

（续）

羊别	年度	样本数量	纤维直径(μm)	剪毛量(kg)	净毛率(%)	净毛量(kg)	毛长(cm)	剪毛后体重(kg)
育成公羊	2001	249	19.73±2.19	6.46±0.92	56.49±4.7	3.57±0.91	11.22±1.54	52.60±5.32
	2005	277	18.61±2.14	5.64±0.79	60.35±5.1	3.57±0.84	10.78±0.99	46.60±4.64
	2009	217	18.07±1.98	6.40±0.61	55.38±4.0	3.47±0.67	10.52±0.91	52.45±4.11
	2013	247	17.46±1.02	6.51±0.48	62.47±4.2	4.05±0.76	10.72±1.07	58.17±4.94
育成母羊	2001	340	19.56±2.01	5.62±0.76	55.84±4.2	2.97±0.50	10.71±1.72	40.15±4.16
	2005	336	18.63±1.86	5.12±0.60	58.81±4.0	2.74±0.57	10.62±1.65	35.01±4.51
	2009	554	17.97±0.97	3.73±0.42	57.71±5.1	2.77±0.42	10.08±1.31	34.22±4.17
	2013	1 078	17.16±0.90	3.80±0.35	62.85±3.6	2.42±0.46	10.99±1.19	35.83±4.08

4.2.2 育种群各年度生产性能进展

育种群 9 个场各年度平均生产性能进展情况见表 4。

表 4　育种群母羊生产性能进展情况

羊别	年度	样本数量	纤维直径(μm)	剪毛量(kg)	净毛率(%)	净毛量(kg)	毛长(cm)	剪毛后体重(kg)
成年母羊	2001	1 465	19.33±1.94	5.89±0.86	58.11±6.0	3.42±0.54	9.45±0.64	54.13±4.24
	2007	987	18.81±1.49	5.81±0.65	60.04±5.2	3.49±0.41	9.23±0.57	51.31±4.16
	2013	1 798	18.75±1.05	5.24±0.57	58.97±4.8	3.11±0.35	9.02±0.41	45.22±3.47
育成母羊	2001	564	19.31±2.11	6.34±0.80	57.89±5.7	3.67±0.61	10.12±0.71	53.12±4.12
	2007	605	18.78±1.28	5.97±0.61	59.67±4.3	3.56±0.45	9.44±0.40	49.78±3.23
	2013	1 170	18.52±0.54	5.23±0.52	58.17±4.0	3.00±0.38	9.61±0.39	39.90±3.34

5　中试应用情况与经济效益

5.1　种羊推广应用

累计在新疆、内蒙古、吉林等北方细毛羊主产区推广苏博美利奴羊种公羊 3.25 万只，采用人工授精和冷冻精液等繁殖技术杂交改良当地细毛羊，改良羊总数累计达 569 万只，改良羊羊毛细度由 66 支提高到 70 支，提升一个档次。

5.2 羊毛出售

苏博美利奴羊原毛在南京羊毛市场拍卖，引起了国内毛纺企业的关注。其中1批80支羊毛卖到最高价每千克净毛99元，产生了良好的市场效果。

5.3 试纺产品

苏博美利奴羊生产的羊毛，经上海第一毛条厂、浙江嘉兴第二毛纺厂和南京海尔曼斯集团试纺，纺织出的三个品种的精纺呢绒：全毛贡丝锦、涤毛细牙签毛呢、涤毛花呢和羊毛衫具有高档外观、手感弹性好、膘光足，其各项纺织指标均达到进口超细型澳毛水平，有个别指标还优于80支进口澳毛毛条；同时根据当前国际毛纺服饰消费的流行趋势，利用苏博美利奴羊毛设计开发了精纺机织双面呢绒面料、精纺机织纺针织呢绒面料和高支精纺针织面料；试纺了领带、衬衣、毛衣、夹克、西服、拉链开衫、运动衣等新产品7个，创立了国产优质细羊毛品牌——瑞曼(R.M，RONGMAO)，试纺产品投放市场受到消费者一致好评。

5.4 经济效益

通过羊毛品质提高增值、种羊推广等累计获直接经济效益3.12亿元，累计间接经济效益10.18亿元。

6 育种成果的先进性及作用意义

6.1 育种成果的先进性

苏博美利奴羊是在引进消化吸收国外品种资源基础上，选育出的我国第一个80支超细毛新品种，其生产性能达到了国际同类型羊先进水平，引领了我国细毛羊育种方向，为赶超世界先进品种奠定了基础。

与国内最有代表性的中国美利奴羊、新吉细毛羊等品种对比，苏博美利奴羊在羊毛综合品质方面优势明显，羊毛纤维直径以17.5μm为主体，个别羊达到16.0～17.0μm，比中国美利奴羊、新吉细毛羊的19.1～23.0μm高出一个档次；与国际先进水平的澳洲美利奴品种超细型羊对比，苏博美利奴羊产毛量、毛长、羊毛细度均达到或超过澳洲美利奴同类型羊品种水平（表5）。

表5 苏博美利奴羊与其他品种性能对比

品 种	产毛量（kg）		净毛率（%）	毛长（cm）		细度	
	种公羊	成年母羊		种公羊	成年母羊	支	μm
苏博美利奴羊	9.87	4.98	61.21	10.11	9.06	80	17.2～17.8
澳洲美利奴羊*	7～8	3.5～4.5	65～70	8.0～8.5	7.0～7.5	70～80	16.0～19.0

(续)

品 种	产毛量 (kg)		净毛率 (%)	毛长 (cm)		细度	
	种公羊	成年母羊		种公羊	成年母羊	支	μm
新吉细毛羊*	13.9	7.0	62.7	11.2	9.6	66~70	19.2~20.3
中国美利奴羊*	12.4	7.2	60.9	11.3	10.5	64~66	21.6~23.0
东北细毛羊*	10~13	5.5~7.5	42.9	9~11	7.0~8.5	60~64	22.0~25.0
新疆细毛羊*	11.57	5.2	48~51.5	9.4	7.2	60~64	21.6~23.0

* **数据来源:《中国畜禽遗传资源志 羊志》2011 版。**

苏博美利奴羊培育过程中,建立了跨省区多场多单位的开放式联合育种体系,系统研究和应用了种羊遗传评估、遗传参数估计、生物繁殖、分子育种等先进技术,加快了新品种培育进程。优化了细毛羊质量鉴定现场操作、羊毛分级、种羊质量性状数量化评分等技术,制定十余项行业及地方标准,获得专利十余项,形成新品种饲养管理配套技术体系。这些具有创新性的技术成果,对指导我国细毛羊育种具有重要的应用价值。

6.2 新品种育成后的意义

苏博美利奴羊新品种的培育,填补了我国 80 支细毛羊品种的空白,丰富了我国细毛羊品种资源。截至目前,我国已培育出 64~66 支、66~70 支和 80 支等多种类型的细毛羊品种。这些新品种的推广应用不仅提升了我国细羊毛产业档次与水平,也有助于打破国外对超细毛等不同类型羊毛的市场垄断,对我国毛纺工业的发展有积极推动作用。

7 推广应用的范围、条件和前景

我国细毛羊存栏约 3 000 万只,羊毛主体细度为 64~66 支 (20.0~23.0μm),羊毛偏粗,不适应毛纺工业快速发展对高支毛的市场需求。新品种育成后,每年可推广种公羊 3 000 只,年改良细毛羊 200 万只,改良羊毛细度由 64~66 支提高一个档次至 70~80 支,这对于提升我国细毛羊整体水平,推动我国细毛羊产业向优质、高效方向发展,增加农牧民收入,促进边疆地区经济发展和社会稳定都具有重要意义。因此,苏博美利奴羊新品种具有广阔的推广应用前景。

粤禽皇 5 号蛋鸡配套系

证书编号： 农 09 新品种证字第 58 号

培育单位： 广东粤禽种业有限公司
广东粤禽育种有限公司

第一父本 F2 公鸡

第一父本 F2 母鸡

第一母本 XA 公鸡

第一母本 XA 母鸡

终端父本 XB 公鸡

终端父本 XB 母鸡

父母代公鸡

父母代母鸡

商品代蛋鸡个体

商品代蛋鸡群体

1 培育单位概况

1.1 广东粤禽种业有限公司

广东粤禽种业有限公司系广东粤禽育种有限公司全资子公司。公司成立于2005年9月，原名阳山县阳山鸡有限公司，总部坐落于阳城镇闪光村，占地超过2.4hm^2，投资3 000万元，建有现代化设施的办公楼及配套时产10t的全价饲料生产车间，是一家集家禽育种、种蛋孵化、鲜蛋、肉鸡生产销售的民营科技型企业。目前，公司拥有原种场1个、祖代场2个、大型孵化厂1个、配套饲料厂1个，具备开展育种、营养及禽病研究的技术能力，目前祖代、父母代存栏量已达13万只。公司拥有雄厚的技术实力和强大的技术研发队伍，公司现有员工120多人，其中具有高级职称科技人员2人，博士以上4人，硕士7人。

公司采用两种经营合作模式：一种是“公司＋基地＋农户”的一体化经营模式养殖黄羽肉鸡；一种是“公司＋合作社＋农民”养殖“阳山鸡”。把广东六大名鸡之一的“阳山鸡”打造成绿色无公害的高档品牌鸡。合作的方式公司负责提供鸡苗、饲料、药物给合作社或合作养殖户，合作社负责在公司的监督下发给合作养户。公司和合作社共同管理养户，公司负责提供养户生产管理和技术指导，并负责肉鸡回收工作。公司被评为清远市重点农业龙头企业及广东省扶贫农业龙头企业。

1.2 广东粤禽育种有限公司

广东粤禽育种有限公司成立于2002年9月，主要从事高效优质家禽育种研究和产业化开发，同时开展家禽饲养营养、疾病综合防治、环境控制、规模化生产工艺和加工等领域的研究和推广工作。公司于2005年12月被认定为广东省高新技术企业，2006年5月被确定为广东省民营科技企业，2007年被广东省政府认定为广东省重点农业龙头企业，2008年被农业部认定为国家重点农业龙头企业。公司2004年荣获广东省农业技术推广一等奖和2005年获全国农牧渔业丰收奖二等奖。公司拥有国家认证专利“一种优质鸡的培育方法”，目前正在申请通过一项新的专利“一种高效特优质黄羽肉鸡新型配套系的培育方法”（申请号：201110313115.2）。2012年广东粤禽育种有限公司销售收入实现3 200多万元。公司的注册资本为9 803万元，总资产3.01亿元，净资产1.54亿元。

自成立伊始，广东粤禽育种有限公司就利用“科技开发＋龙头企业＋农户”的产业化渠道将肉鸡配套系的选育开发和市场推广有机结合起来，以科技人才和技术积累为保障，探索出一条边开发、边试用、边推广的科技成果应用新路。公司利用“南繁北养”的产业化模式，向推广单位提供优质肉鸡配套系父母代种鸡，调剂在东、南、西、北各省份商品代鸡苗市场，主要面向广东、广西、浙江、江苏、上海等沿海地区，加强沿海发达地区与中部地区的经济联系，同时由于“南繁北养”的产业化模式的应用，降低了商品代肉鸡的制种成本，通过推广单位完成父母代饲养任务及推行“公司＋农户”经营模式，将广大养殖户联成整体，形成产供销一体化，解决了因生产管理技术条件差、市场意识薄弱、信息不畅通等困扰农民发展致富的关键问题，带动了农村，特别是中西部农村养禽业的发展，同时也保证了广东粤禽育种有限公司优质肉鸡配套系科研开发和推广工作的可持续性。除此之外，广东粤禽育种有限公司还聘请广东家禽科学研究所和华南农业大学从事畜牧、兽医等专业的专家作为技术顾问，承担科研项目的技术指导与培训等方面的工作。

目前，广东粤禽育种有限公司拥有多个具有国际领先水平的高科技产品，其中“粤禽皇 2 号配套系”和“粤禽皇 3 号鸡配套系”于 2008 年 3 月通过了国家畜禽遗传资源委员会新品种审定。2006 年、2007 年、2008 年连续 3 年被广东省农业厅列为“农业主推品种”，2008 年被农业部列为全国农业主推产品。广东粤禽育种有限公司还自有阳江黄鬃鹅种苗及成鹅、阳山鸡种苗及成鸡，产品质量稳定，适应性强、价格适中，符合我国市场多元化的需求，具有较强的市场综合竞争力。

2 培育背景与培育目标

2.1 培育背景

近 10 年我国鸡蛋产量进入平稳增长期。我国蛋鸡业已经由产品全面短缺走向总量基本平衡、结构性和地区性相对过剩。中国禽蛋消费主要以初级产品内销为主，国内市场消费率占到 96.7%。全国有 11 个省、市鲜蛋人均消费量高于全国平均水平，主要集中在北方地区，人均消费居于前五名的省市分别为天津、辽宁、河北、山东和山西。我国蛋鸡养殖产业经过近 30 年的发展，呈现出以下几个特点。

2.1.1 蛋鸡养殖产业高度集中

在全国范围内，蛋鸡饲养业仅集中在几个禽蛋大省。主要包括河北（321.58 万 t）、山东（271.05 万 t）、河南（245.73 万 t）、江苏（141.3 万 t）、辽宁（97.46 万 t）、四川（93.58 万 t）、湖北（85.06 万 t）和安徽（84.5 万 t）。目前我国蛋鸡产业正由集中型转向分散型发展，一是由集中在北方数省饲养，逐渐向南发展，包括湖南、湖北、云南、贵州、四川等省；向北包括内蒙古、黑龙江等省区；向西包括宁夏、新疆等省区。二是专业村、镇、县逐渐淡化。

2.1.2 小规模、大群体

蛋鸡产业作为畜牧产业短、平、快项目，深受养殖户青睐，但受农村经济基础和抗风险能力制约，中国蛋鸡产业主要以小规模、大群体养殖为主，全国 10 万只以上规模的现代化禽蛋生产企业不到 50 家，饲养蛋鸡 500 只以上的农户（场）占总农户的 1.2%，蛋鸡饲养量占饲养总量的 52.9%，产蛋量占总产蛋量的 57.9%。但是近年来，随着蛋鸡市场整合加剧和外来资金的流入，一大批懂技术、懂管理和信息灵通的养殖蛋鸡户迅速成长起来，新建鸡场基本规模达到 3 000～5 000 只，10%以上养殖户规模达到 1 万只以上，中国的蛋鸡养殖结构正在悄然发生变化。

2.1.3 追求眼前利益的盲目性与从众性，进入和退出迅速

市场经济运作加速了中国蛋鸡产业的市场化速度，但政府的辅助职能、行业协会管理及调控滞后，导致行业进入门槛较低，由于无须太多的资金、技术投入，再加上信息不畅，导致无论祖代、父母代和商品代养殖户（场）片面追求眼前利益，进入行业存在盲目性和从众性，行业主流

受到严重冲击，养鸡利润持续减少，使各生产厂家所占份额都很小，处于自由竞争和充分竞争阶段。

2.1.4 供求周期性失衡，资源浪费严重

影响因素分为两个方面：一是1年半为一个饲养周期（包括6个月育成期），3年为一个价格周期；二是整个行业的特点是农户信息闭塞，养殖户对眼前利益的从众性，这两方面的因素造成了价格的波动。以季节分段，每年同样存在规律，主要受养殖户小规模，饲养条件和养殖成本制约。这种周期性失衡，造成资源严重浪费，制约了我国蛋鸡业健康发展。

2.1.5 疾病控制难，控制成本高

因整个国家生物安全体系和专业化布局滞后，对环境和疾病的控制缺乏统一的标准，同一地区、村庄养鸡高度集中，没有必需的安全距离，养殖规模、进鸡、免疫、消毒、物流和废物处理缺乏统一管理，导致疾病控制难度大，成本高，一般只鸡疾病控制成本都在1.5元以上，烈性传染病更会带来毁灭性打击。

2.1.6 国家政策、公共安全成为新的制约因素

我国蛋鸡产业市场化、专业化、集约化的深入，使其成为中国经济的有机整体，国家政策和公共安全成为新的制约因素，蛋鸡产业受业外各种因素的影响，往往大于业内本身。

综上所述，我国蛋鸡行业经过近30年的发展，形成产量世界第一的生产规模，但是产品类型单一，低端恶性竞争也造成了极大的生产风险和市场风险，也为食品安全埋下隐患。近几年来，利用我国丰富的地方品种遗传资源开发的土蛋鸡品种，为我国蛋鸡事业的发展开辟了一条新路。我国地方土蛋鸡的开发和利用仍然处于起步阶段，如何在保证土鸡蛋口感的前提下，利用我国丰富的地方鸡种遗传资源，建立健全相配套的良种繁育体系，提高种苗质量，提高商品蛋鸡的生产性能、生活力，降低生产成本，增强蛋鸡养殖户的抗市场风险能力，生产出符合市场需求的质优安全的蛋品是我国家禽育种企业所面临的新课题。

2.2 培育目标

培育单位长期关注我国优质蛋鸡生产和消费市场的变化，并在广东省内及河北、江苏、湖北等省开展了相关市场及品种的调研，并对我国现有地方品种及开发的土蛋鸡品种进行了较为细致的分析和比较，明确了土蛋鸡育种具有广阔的市场前景。育种实践也清楚地表明，广东及广西的地方品种经过高强度选育，其产蛋性能有大幅度提高的潜力。这为利用地方鸡种开发蛋鸡新配套系的研发奠定了理论基础。在粤禽皇3号鸡配套系的研发及改良过程中对地方品种产蛋性能的选育进行了有益的探索，并积累了F2、XA等育种素材，为新配套系的研发奠定了良好的物质基础。公司经过充分的市场调研提出了新配套系的要求。具体如下：

（1）商品蛋鸡适应性强，要适合南方地区饲养，在南方地区开放的养殖模式下仍保持良好的生产性能；

（2）成年体重涉及产蛋期耗料量、育雏育成成本、笼位及淘汰鸡价格，应作为重要的育种指标；

（3）节粮，降低产蛋期每枚蛋的成本；

（4）蛋重及蛋形符合土鸡蛋的市场要求；

（5）淘汰鸡体型外貌基本上符合南方地区，特别是广东、广西等省份对土鸡的消费要求。

根据公司提出的品种要求及基本育种素材的现实情况，研究人员制订了配套系商品代蛋鸡的性能目标。具体如下：

18 周龄体重 1 010～1 160g；产蛋期存活率 92%～94%；50%产蛋率日龄 139～148d；高峰期产蛋率 89%～92%；全程平均蛋重 45～52g；饲养日平均耗料 77～82g；产蛋期料蛋比(3.0～2.6) ：1；58 周龄体重 1.35～1.6kg。

3 配套系的组成及特征特性

3.1 配套系组成

粤禽皇 5 号蛋鸡配套系组成见图 1。

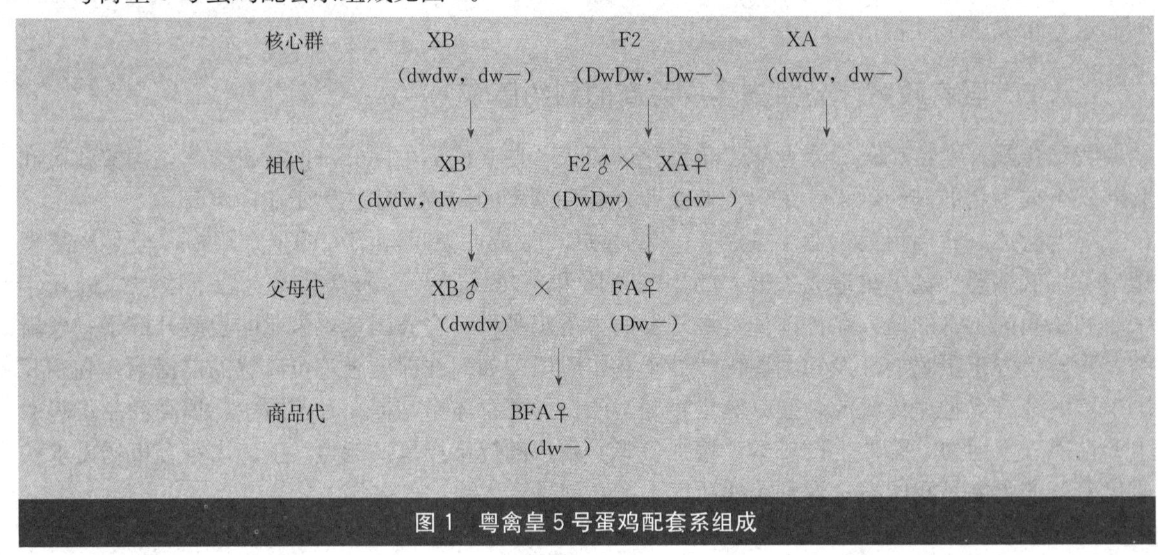

图 1 粤禽皇 5 号蛋鸡配套系组成

3.2 配套系外貌特征及特性

3.2.1 各品系外貌特征及特性

3.2.1.1 第一父系（F2 系） 快羽，羽毛紧凑，金黄羽，黑色部分鸡只颈部羽毛有鳞状黑斑，主翼羽红夹黑色，镰羽和尾羽呈黑色。体型健壮结实，单冠直立，喙短，呈浅黄色，胫细长，呈黄色，无毛。性成熟早，产蛋量较高，蛋壳颜色为浅褐色。母鸡成年体重约 1 320g，胫长 5.9cm，胫围 3.9cm，体斜长越 17cm，龙骨长约 13cm；公鸡成年体重约 1 485g，胫长 7.1cm，胫围 4.8cm，体斜长越 23.7cm，龙骨长约 17.6cm。

3.2.1.2 第一母系（XA 系） 矮小型，快羽，羽、胫、皮肤三黄，单冠较小，前躯窄，后躯宽。成年母鸡胫长 4.9cm，胫围 3.7cm，体斜长约 19cm，龙骨长约 15cm；公鸡胫长 5.9cm，胫围 4.8cm，体斜长约 21.9cm，龙骨长约 15cm。性成熟早，产蛋量，蛋壳颜色为褐色。母鸡成年体重约 1 423g，公鸡成年体重约 1 778g。

3.2.1.3 终端父系（XB 系） 矮小型，快羽，胫为黄色、皮肤为白色，羽色为浅褐色，单冠较小，前躯窄，后躯宽。成年母鸡胫长 4.9cm，胫围 6.1cm，体斜长约 19.5cm，龙骨长约

15.1cm；公鸡胫长6.1cm，胫围4.6cm，体斜长约23.2cm，龙骨长约19.2cm。性成熟早，产蛋量高，蛋壳颜色为浅褐色。母鸡成年体重约1 280g，公鸡成年体重约1 390g。

3.2.2 父母代种鸡外貌特征

3.2.2.1 公鸡 矮小，羽色为浅褐色，单冠较小，胫细短，早熟。

3.2.2.2 母鸡 正常型，羽、胫、皮肤三黄，前躯窄，后躯宽，体型较长，母鸡胫长约6.1cm。单冠，早熟，产蛋性能高。

3.2.3 商品代外貌特征

矮小型，快羽，羽、胫、皮肤三黄，尾部有些许白羽，单冠较小，前躯窄，后躯宽。成年母鸡胫长4.9cm，性成熟早，性情温驯，产蛋量高，蛋壳颜色为浅褐色。母鸡成年体重约1 407g。

3.3 生产性能

3.3.1 各品系生产性能

粤禽皇5号蛋鸡配套系各品系生产性能见表1。

表1 粤禽皇5号蛋鸡配套系各品系生产性能

指标	终端父系	第一父系	第一母系
育雏率（%）	95～98	95～98	95～98
育成率（%）	95～98	95～98	95～98
18周龄公鸡体重（g）	1 240～1 350	1 450～1 530	1 260～1 370
18周龄母鸡体重（g）	975～1 140	2 370～2 430	1 020～1 270
产蛋期公鸡存活率（%）	93～96	94～97	94～97
产蛋期母鸡存活率（%）	92～94	93～95	93～95
50%产蛋率日龄	139～148	139～148	139～148
入舍鸡产蛋数（HH）（个）	195～217	152～174	192～208
饲养日产蛋数（HD）（个）	213～236	164～182	207～224
入舍鸡产合格种蛋数（个）	181～201	141～161	178～193
受精率（%）	92～95	92～95	92～95
受精蛋孵化率（%）	93～97	93～97	93～97
健雏率（%）	97～98	97～99	97～98
66周龄公鸡体重（g）	1 540～1 690	1 934～2 185	1 607～1 778
66周龄母鸡体重（g）	1 240～1 376	1 578～1 750	1 276～1 423

3.3.2　父母代种鸡生产性能

粤禽皇5号蛋鸡配套系父母代种鸡生产性能见表2。

表2　粤禽皇5号蛋鸡配套系父母代种鸡生产性能

指标	性能
育雏率（%）	95～98
育成率（%）	95～98
18周龄公鸡体重（g）	1 240～1 350
18周龄母鸡体重（g）	1 575～1 660
产蛋期公鸡存活率（%）	93～96
产蛋期母鸡存活率（%）	92～94
50%产蛋率日龄	139～148
入舍鸡产蛋数（HH）（个）	158～182
饲养日产蛋数（HD）（个）	169～194
入舍鸡产合格种蛋数（个）	152～173
受精率（%）	92～95
受精蛋孵化率（%）	93～97
健雏率（%）	97～99
66周龄公鸡体重（g）	1 540～1 690
66周龄母鸡体重（g）	1 678～1 770

3.3.3　商品代生产性能

粤禽皇5号蛋鸡配套系商品代鸡生产性能见表3。

表3　粤禽皇5号蛋鸡配套系商品代鸡生产性能

指标	性能
育雏率（%）	95～98
育成率（%）	95～98
入舍鸡耗料量（g）	5.4～5.6
18周龄体重（g）	1 010～1 160
产蛋期存活率（%）	92～94
50%产蛋率日龄	139～148
高峰期产蛋率（%）	89～91
入舍鸡产蛋数（HH）（个）	192～208
饲养日产蛋数（HD）（个）	207～224
饲养日产蛋总重（g）	9 315～10 080

（续）

指标	性能
全程平均蛋重（g）	45～52
饲养日平均耗料（g）	77～81
产蛋期料蛋比	(3.04～2.82)：1
72周龄体重（g）	1 276～1 433
40周龄蛋壳强度	3.84

4 选育技术路线及主要选育性状

4.1 选育技术路线

根据市场要求，设定了先进的育种目标，制订科学的育种方案，利用优秀育种素材，重点考虑提高适应性、产蛋量、蛋重、淘汰体重、蛋壳质量等，培育出适合市场需求的自主蛋鸡新品种（配套系）。技术路线见图2。

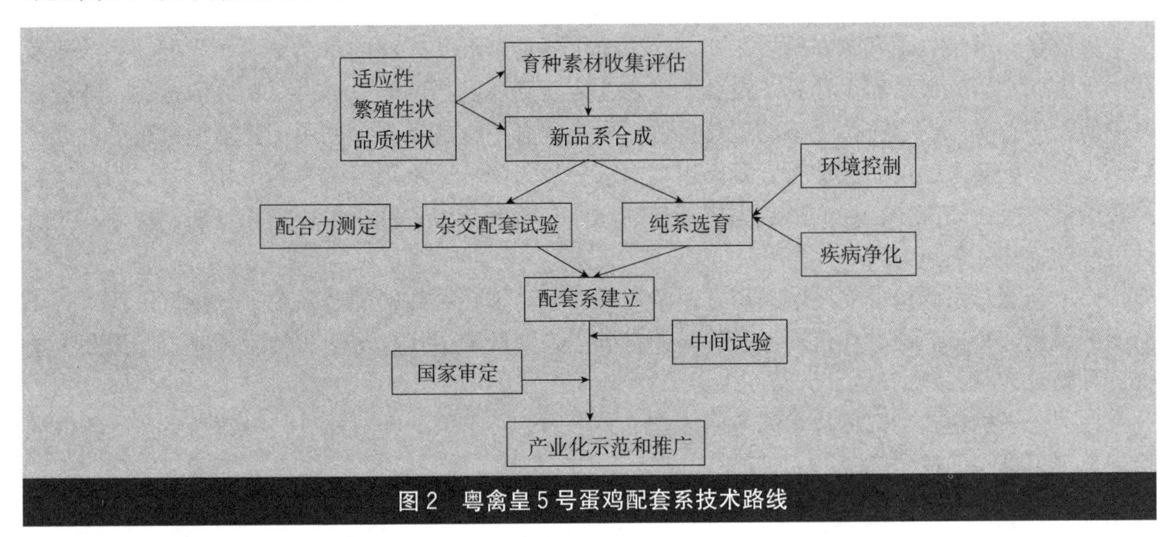

图2 粤禽皇5号蛋鸡配套系技术路线

4.2 主要选育性状

选育性状：个体适应性、开产体重、产蛋量、蛋重、淘汰体重、蛋壳颜色、蛋壳质量。

5 中试应用情况与经济效益分析

经过广东省农业厅批准，2011年开始在广东省的广州、珠海、惠州、乐昌、罗定等地开展蛋鸡新品种的中间试验工作。2011—2013 年公司共投放蛋鸡父母代种鸡 32.1 万套。2011 年全国范围内近 113.7 万只商品代蛋鸡进行了中试观察。2012 年和 2013 年中试规模进一步扩大，共有 240.7 万只商品蛋鸡纳入中试范畴。中间试验结果表明，父母代种鸡具有产蛋率高、种蛋合格率高等特点，种鸡育雏育成期成活率可达 95%以上，产蛋期成活率可达 93%以上，种蛋受精率均超过 92%，66 周龄可提供健雏 81 只，雏鸡健壮，成活率高，抗病力好。新配套系商品代蛋鸡的中间试验区域覆盖了粤北、粤东、粤中及南部等区域。中间试验期间广东省农业厅相关负责人多次深入试验区进行考察，对新品种的生产性能、产品销售、经济效益等情况进行了深入了解。

新配套蛋鸡商品代在粤北地区的生产性能表现最优，最高产蛋率均超过了 90%，全程产蛋率均保持在 75%以上。这与当地的气候条件、设备条件及蛋鸡养殖基础有密切关系。相比之下，广东地区的蛋鸡养殖条件较差，大部分鸡舍为开发式鸡舍，环境控制条件相对薄弱，但蛋鸡仍然表现出良好的适应性，生产群产蛋高峰期最高产蛋率仍达到了 88%以上，部分生产群达到了 90%。中间试验区域覆盖了广东省大部分地区，对蛋鸡新配套系的生产性能、产品状况、适应性开展了具有代表性的试验。中试承担单位的试验结果一致表明，新配套系具有早熟性好、产蛋期耗料少、产蛋率高、蛋重适中、蛋壳颜色均匀、淘汰鸡价格高等特点。商品代蛋鸡的养殖风险低，利润稳定，进一步提高了养殖户的养殖积极性。

6 育种成果的先进性及作用意义

粤禽皇 5 号蛋鸡配套系在研发之初，已于全国各地开展了广泛的市场调研，为配套系的研发指明了方向，研究成果完全达到了设计要求，为今后新配套系的研发提供了良好的范例。新配套系的研发中首次考虑了淘汰蛋鸡的经济价值，并在配套系构成中充分利用了我国地方鸡品种遗传资源，使新配套系的产品更加符合我国市场需求，显著降低了蛋鸡养殖户的市场风险，为蛋鸡新品种的开发及蛋品细分市场的形成提供了新的思路。该配套系育种成果较为突出的创新性和先进性可总结为如下两点：

（1）新配套系的构成品系中采用了两个矮小品系，这在以往的配套系中十分少见。两个矮小品系的采用，在提高商品代蛋鸡生产性能的基础上，降低了祖代及父母代的制种成本，提高了整个良种繁育体系的效率。

（2）分子标记辅助选择技术的使用加快了品系内矮小基因的纯合速度，为新品系遗传特性的稳定奠定了良好的遗传基础。

7 推广应用的范围、条件和前景

新配套系商品代蛋鸡经过粤北、粤东、粤中及南部等区域的中间试验，结果表明，新配套系蛋鸡商品代在粤北地区的生产性能表现优秀，最高产蛋率均超过了 90%，全程产蛋率均保持在 75%以上。这与当地的气候条件、设备条件及蛋鸡养殖基础有密切关系。相比之下，广东地区的蛋鸡养殖条件较差，大部分鸡舍为开放式鸡舍，环境控制条件相对薄弱，但蛋鸡仍然表现出良好的适应性，因此可在全国范围推广。公司于 2011 年成立了蛋鸡事业部，开展蛋鸡养殖及蛋品销售等业务。2012 年成立了江苏分公司和河北分公司，并积极推进与当地农业经济合作社合作开展蛋鸡养殖的业务。基本形成了以京津唐、长三角、珠三角城市群为中心，以“事业部＋基地＋农业经济合作社”为依托的规模化养殖及销售格局。同时，在此基础上形成了较为完整的生产技术服务体系、蛋品回收与分销体系、淘汰鸡回收与销售服务体系等，为推动新蛋鸡配套系产业化健康发展奠定了良好基础。粤禽皇5号蛋鸡配套系育成成本低，蛋品符合市场对土鸡蛋的需求，价格较高，而且淘汰母鸡售价高，相对市场风险低，能增加养殖户的经济效益。

桂凤二号黄鸡配套系

证书编号： 农 09 新品种证字第 59 号
培育单位： 广西春茂农牧集团有限公司

桂凤二号黄鸡配套系公鸡父系

桂凤二号黄鸡配套系母鸡父系

桂凤二号黄鸡配套系公鸡母系

桂凤二号黄鸡配套系母鸡母系

桂凤二号黄鸡配套系公鸡父母代

桂凤二号黄鸡配套系母鸡父母代

桂凤二号黄鸡配套系群体

1 培育单位概况

广西春茂集团创立于1996年，是从事优质鸡育种与开发的大型家禽生产企业，年产值12亿元。员工人数1 600多人，大中专文化以上学历占80%。至今拥有广西春茂农牧集团有限公司（大平山分公司、小平山分公司、鹤山市春茂农牧有限公司、南昌市春茂农牧有限公司、来宾市春茂农牧有限公司）、广西玉林市春茂食品有限公司、广西汽牛农业机械有限公司和广西全上品餐饮有限公司等八家大型企业，产业覆盖畜牧、机械、食品加工、优质鸡连锁快餐等领域。

集团主要经营"桂凤"鸡、"桂皇"鸡等。先后通过了HACCP认证、ISO9001质量管理体系认证、无公害农产品认证，获得"自治区农业产业化重点龙头企业""自治区重合同守信用企业""广西壮族自治区扶贫龙头企业""广西水产畜牧行业优秀企业""广西百强企业""中国黄羽肉鸡行业二十强优秀企业"、食品卫生单位"A级单位"、广西桂菜原材料生产基地众多荣誉称号。"金大叔"荣获广西著名商标，金大叔土三黄鸡荣获"广西优质名牌鸡"、金大叔桂皇鸡荣获"金牌名鸡"、金大叔土鸡蛋荣获"广西名牌产品"称号。

广西春茂集团多年来一直倾力于广西三黄鸡的保种、选育和利用，三黄鸡种鸡由当初的4 000套发展到现在的120万套，2007—2013年共产鸡苗8.4亿只，肉鸡出栏3.1亿只。带动养殖户3 500户，促进农民增收6.2亿元。

公司的育种工作集中在小平山育种中心，于2004年建成，环境优雅，天然隔离条件良好。硬件条件完备，占地1.47hm^2，有鸡舍20栋，其中测定笼位14 800个、后备舍4栋共可饲养后备鸡54 000羽，配套测定鸡舍，可饲养祖代种鸡30 000余只。现在已育成8个品系（主要应用品系为B系和X系）。

育种中心目前拥有育种、饲养、禽病防治、管理等方面的研发人员53名，其中具有硕士学位的6人。公司还与广西大学、广西畜牧研究所等科研单位建立科技合作关系，是广西大学动物科学技术学院、广西职业技术学院、广西农业职业技术学院、广西水产畜牧兽医学校、柳州畜牧兽医学校的实习基地。

2 培育背景与培育目标

2.1 培育背景

随着社会的发展，人民生活水平的提高，对肉食越来越讲究品质风味，优质肉鸡生产和消费已从局部地区向全国各地扩散。因此，将具有独特而优良的肉质风味的地方优良产品推向市场，满足消费者的需求，是十分必要的。同时，出于防控禽流感及公共卫生、食品安全的需要，今后的活禽市场会受到限制，取而代之的是屠宰加工的产品。因此，选育品种在保持优质风味的同时，满足屠宰加工的需要成为必然。

广西三黄鸡具有肉质细嫩、味道鲜美的特点，深受百姓喜爱。尤其是20世纪90年代以来，广西三黄鸡产业迅速发展壮大。但是，由于长期采用的是群繁群选，繁殖性能偏低。为了提高原有品种的各项性能，促进产业发展，并做好品种的保护工作，广西春茂农牧集团有限公司 2004 年开始建立育种中心，在专家指导下开展（桂凤二号黄鸡配套系）品系选育，利用现代家禽育种技术，在种鸡生产中进行品系选育和品系配套，在保留原有优质鸡肉质好、抗逆性强等特点的同时，提高品种的繁殖力、饲料报酬和生长速度，促进育种成果的知识产权保护。

2.2　培育目标

具有“三黄”特征，性成熟早，公鸡羽毛金黄且尾羽长，母鸡羽毛淡黄、脚细矮、体型圆滚。

父母代种鸡：公鸡性成熟早、羽毛金黄且尾羽长、胸宽、体型圆滚，20 周龄体重 1 830～1 950kg，成活率 97%以上；43 周龄受精率 94%以上。母鸡羽毛淡黄，体型略小。开产日龄 125d；开产体重 1 300～1 400kg，20 周龄成活率 97%以上；44 周龄体重 1 500～1 600kg；66 周龄入舍母鸡产合格蛋数 160 个，出苗 136 个以上。

商品肉鸡：羽毛淡黄或金黄、胫黄、皮黄，第二性征发育早。公鸡 82～90 日龄出栏，出栏体重 1 350～1 530，饲料转化率（3.2～3.3）：1；母鸡 106～115 日龄出栏，出栏体重 1 310～1 540g，饲料转化率（3.7～3.8）：1。

3　配套系的组成及特征特性

3.1　配套系组成

桂凤二号黄鸡配套系是广西春茂农牧集团有限公司以广西三黄鸡为素材，运用现代育种技术，经过 7 个世代专门化品系选育，培育而成的优质黄鸡配套系。配套系采用二系配套模式，父本是 B 系，母本是 X 系。配套系组成见图 1。

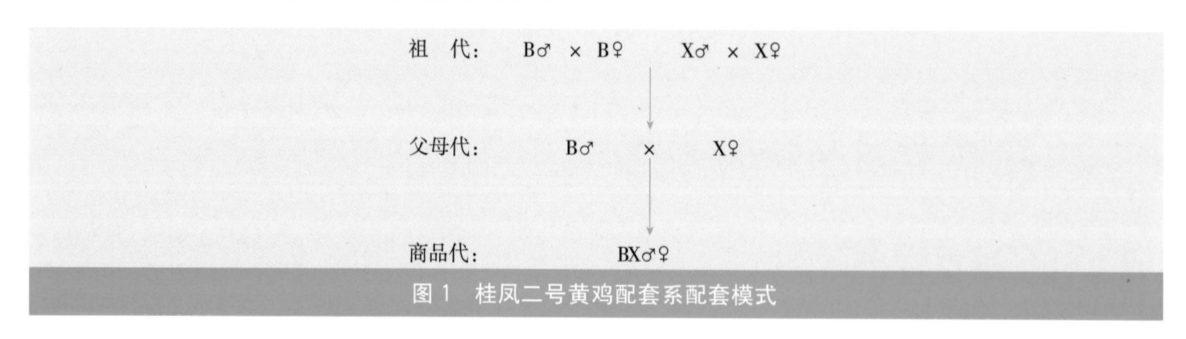

图 1　桂凤二号黄鸡配套系配套模式

3.2　配套系外貌特征及特性

3.2.1　各品系外貌特征及特性

3.2.1.1　**B 系**　体型中等；胸宽。成年公鸡除尾羽黑色、背部羽毛酱黄色外，头部、颈部、腹部羽毛金黄色；母鸡除尾部末端的羽毛为黑色外，颈羽、尾羽、主翼羽、背羽、鞍羽、腹羽均为金黄色。单冠直立，冠齿5～8个，颜色鲜红，较大；肉垂鲜红；虹彩红色；耳叶红色；喙、胫、皮肤黄色。

3.2.1.2 X系 体型较小、紧凑；成年公鸡除尾羽黑色、背部羽毛金黄色外，头部、颈部、腹部羽毛黄色；母鸡除尾部末端的羽毛为黑色外，颈羽、尾羽、主翼羽、背羽、鞍羽、腹羽均为浅黄色。冠、肉垂、耳叶为鲜红色，冠齿5～8个；喙、皮肤、胫均为黄色；胫矮细。

3.2.2 父母代外貌特征及特性

父母代公鸡同B系公鸡，父母代母鸡同X系母鸡。

3.2.3 商品代外貌特征及特性

公鸡羽毛金黄色；喙、胫、皮肤黄色。母鸡羽毛淡黄色；喙、胫、皮肤均为黄色；胫矮细。

3.3 配套系生产性能

3.3.1 各品系生产性能

见表1。

表1 B系、X系生产性能

项　　目	生产性能	
	X系	B系
5%产蛋率日龄	125	125
56周龄饲养日母鸡产蛋数（个）	156.7	130.5
66周龄饲养日母鸡产蛋数（个）	178.5	160.3
66周龄入舍母鸡产蛋数（个）	173.0	156.1
66周龄入舍母鸡合格种蛋数（个）	168.4	146.5
66周龄饲养日母鸡合格种蛋数（个）	164.6	150.7
0～20周龄成活率（%）	97.0	96.7
21～66周龄成活率（%）	94.7	96.4
0～20周龄只耗料（kg）	5.23	5.52
21～66周龄只耗料（kg）	22.80	25.90
受精率（%）	93.35	94.7
受精蛋孵化率（%）	90.6	93.8
母鸡20周龄体重（g）	1 305.0	1 604.0
母鸡44周龄体重（g）	1 567.0	1 780.0
母鸡66周龄体重（g）	1 669.0	1 850.0

注：数据来源于公司育种中心4、5、6世代的平均数。

3.3.2 父母代生产性能

见表2。

表 2　桂凤二号黄鸡配套系父母代生产性能

项　　目	生产性能
5%产蛋率日龄	125
66 周龄入舍母鸡产蛋数（个）	175.0
66 周龄饲养日母鸡产蛋数（个）	180.1
66 周龄入舍母鸡合格种蛋数（个）	168.2
66 周龄饲养日母鸡合格种蛋数（个）	169.3
0～20 周龄成活率（%）	97.2
21～66 周龄成活率（%）	95.68
0～20 周龄只耗料（kg）	5.11
21～66 周龄只耗料（kg）	22.78
受精率（%）	94.5
受精蛋孵化率（%）	92.3
入孵蛋孵化率（%）	87.2
健雏率（%）	99.1
母本母鸡 20 周龄体重（g）	1 382.0
母本母鸡 44 周龄体重（g）	1 550.6
母本母鸡 66 周龄体重（g）	1 686.0

注：数据来源于农业部家禽测定站测定结果。

3.3.3　商品代生产性能

见表 3

表 3　桂凤二号黄鸡配套系商品代生产性能

性别	公司测定结果		农业部家禽测定站测定结果	
	公	母	公	母
出栏日龄	82～90	110～118	84	112
体重（g）	1 575～1 680	1 485～1 620	1 635.5	1 565.0
饲料转化比	（2.9～3.3）：1	（3.65～3.88）：1	3.2：1	3.65：1

注：数据来源于公司 2013 年“公司＋农户”平均数据。

4　桂凤二号黄鸡配套系选育技术路线及主要选育性状

4.1　选育技术路线

见图 2。

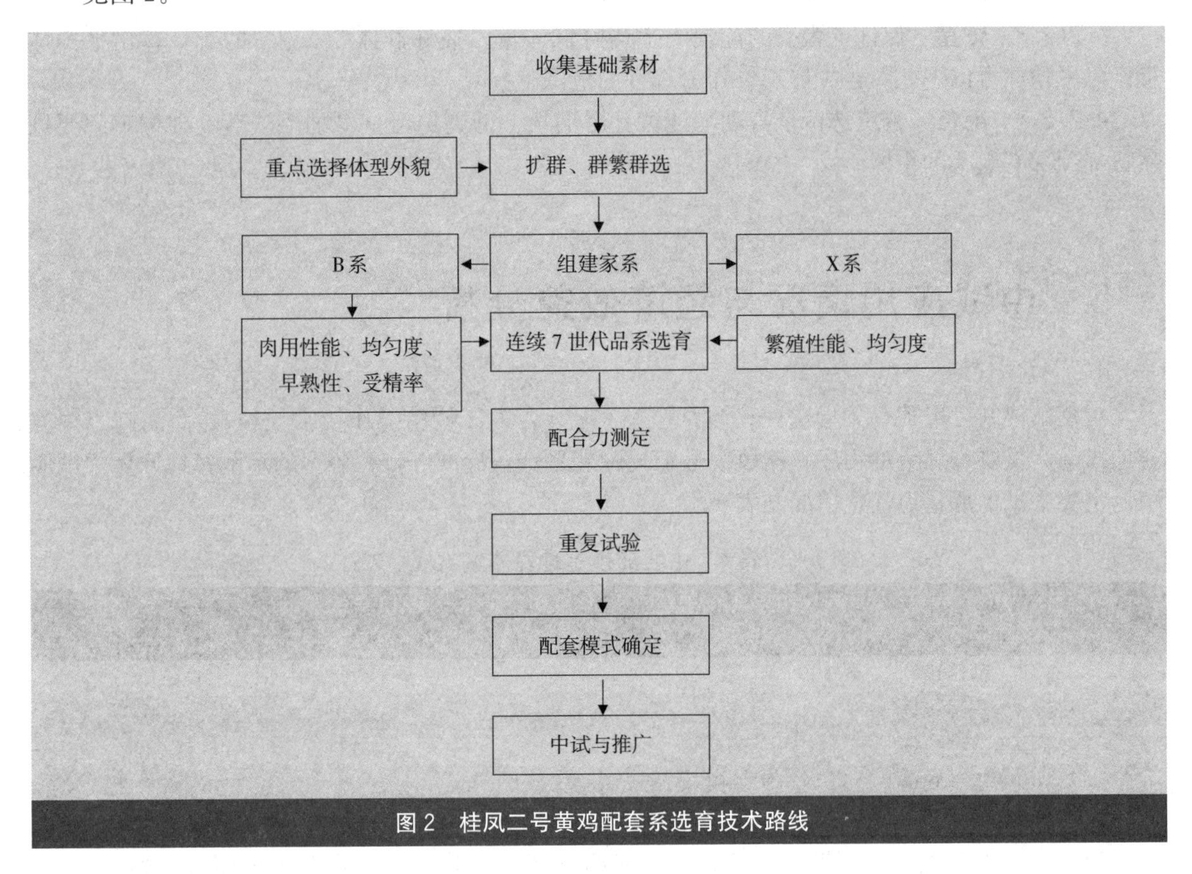

图 2　桂凤二号黄鸡配套系选育技术路线

4.2　主要选育性状

4.2.1　B 系

主要对第二性征发育、毛色及胸腿肌发育情况、体重及均匀度、繁殖性能等性状进行选种，不对产蛋进行选择。

4.2.1.1　**受精率**　计算各个家系入孵种蛋受精率，出苗时淘汰受精率较低的家系。

4.2.1.2　**第二性征发育**　35 日龄左右进行，按冠头高度和面部红润程度进行选择。

4.2.1.3　**毛色**　公鸡选留全身羽毛金黄色且尾羽长、母鸡选留全身羽毛淡黄或金黄色，剔除背部颈部有黑边的个体。

4.2.1.4　**胸腿肌发育情况**　上笼前通过手抓鸡腿肌、胸肉的手感来进行选种。

4.2.1.5　**体重及均匀度**　以 10 周龄体重作为选择指标。抽称群体 5%左右的鸡，算出平均体重。公鸡以平均体重以上 5%～15%作为留种的范围；母鸡以平均体重以下 5%至以上 15%作为留种范围。全群称重选择合格的鸡作为种用。

4.2.2 X系

主要选择性状包括：第二性征发育、产蛋性能、体重及均匀度、毛色等。

4.2.2.1 第二性征发育 35日龄对公母按冠头高度和面部红润程度进行选择。

4.2.2.2 产蛋性能 4世代以前按照先留后选的方法进行产蛋性能的选择。主要根据上一世代的产蛋性能来选择。第5世代开始改为先选后留，即根据母鸡本身300日龄家系产蛋成绩并结合上个世代66周龄产蛋成绩进行选种，组建新的家系。

4.2.2.3 体重 保证产蛋率的前提下适当降低体重。抽称群体5%左右的鸡，算出平均体重。以平均体重以下5%至以上15%作为选种的范围。

4.2.2.4 毛色 公鸡选留全身羽毛纯黄且尾羽长、母鸡选留全身羽毛淡黄，公母鸡都要剔除背部颈部有黑毛的个体。

5 中试应用情况与经济效益分析

培育单位制订了黄鸡父母代种鸡饲养管理手册（含人工授精操作技术规程）、商品肉鸡饲养管理指南、重要疫病免疫程序、桂凤二号黄鸡配套系企业标准等，在公司的示范基地开展中试应用，主要中试示范基地基本情况见表4。

表4 主要养殖基地基本情况

基地名称	2012年饲养量（万套）	年平均产蛋率（%）	2013年饲养量（万套）	年平均产蛋率（%）
小平山种鸡场	38	51.8	31	51.96
大平山第一种鸡场	50	50.5	42	50.7
大平山第二种鸡场	14	51.1	12	51.8
大平山第三种鸡场	12	51.3	9	51.5
合计	114		94	

2012—2013年共生产鸡苗1.947亿只。实施紧密型“公司+农户”生产模式，集产、供、销于一体，直接或间接带动农户4 000多户，年饲养肉鸡5 000万只。市场反馈：该品种毛色纯黄，整齐度高，个体均匀，体型体重适中，肉质好，饲养成活率高，效益显著。目前公司正增加投入，扩大生产规模，进一步提高产品质量和科技含量，大面积推广无公害标准化养殖，打造地方名优特色产品。

6 育种成果的先进性及作用意义

桂凤二号黄鸡配套系以消费需求为主要选育方向，以优质鸡的基本要求为主要选育标准。利用广西三黄鸡的优良基因，选育过程中通过合理分配各性状的选择权重（父系侧重选择性早熟和胸腿肌，母系侧重选择产蛋性能）。配套生产的商品代具有生产成本低、外貌美观、皮肤毛孔细、适合屠宰加工、肉质风味好、抗逆性强等优点，上市鸡的体型更接近圆滚型。在同类型品种中具有较强的竞争优势。

桂凤二号黄鸡配套系在大规模养殖条件下，经过多年的群繁群选（按照市场要求，选择极少数优良的个体组成核心群），使群体的体型外貌基本一致后，再通过家系选育提高生产性能，这是广西三黄鸡育种方法有别于其他品种的主要特点。

桂凤二号黄鸡配套系的产业化开发数量大。由于选育工作结合市场要求开展，深受市场欢迎，因而产生了巨大的市场空间。种鸡饲养规模由当初的 4 000 套发展到现在的 94 万套，2011—2013 年共产鸡苗 3.2 亿只，肉鸡出栏 1.5 亿只。

7　推广应用的范围、条件和前景

7.1　推广范围

本鸡种外貌美观，肉质好，适应性强，适合我国大部分地区，尤其是华南地区饲养；父母代适合标准化种禽企业饲养，商品代肉鸡适合“公司＋农户”形式的企业、标准化养殖小区和规模养殖户饲养，总体养殖效益好。

7.2　推广条件

祖代和父母代种鸡规模化推广的对象应具备标准化种鸡场、孵化场、已经配套的饲养管理技术与经验，且需具备较强的经济实力；商品代推广的对象可大可小，但应具备一定的经济实力、经济适用型鸡舍，以及一定的饲养管理技术。

7.3　前景

黄羽肉鸡产业方兴未艾，当前已占整个肉鸡市场的半数以上，且市场比例仍处于上升态势。今后优质鸡品种的竞争焦点将是整体养殖效益的竞争，随着今后肉鸡养殖模式的一体化趋势，“公司＋农户”的形式将会得到进一步创新和发展。本配套系是在平衡“公司”与“农户”利益的背景下考虑选育重点的，特别适合“公司＋农户”模型的企业。因此，本成果推广前景良好。